fashion design drawing super reference book

服裝設計表現技法2

著

譯

北星圖書事業股份有限公司

中國青年出版社

目録

The 1st week

學會畫身體

新人培訓

什麼叫時裝設計圖

所謂時裝設計圖，就是指服裝的設計圖，它們主要用於服裝生產商。

從形態上來說，大體可以分爲兩種。

第一種就是，不光表達服裝的設計，還有整體的搭配以及風格等的設計圖（又名風格圖）。

另外一種就是，爲了表達衣服本身的線條以及細節的項目圖（又名產品圖、衣架圖等）。

時裝設計師會先聽取銷售人員（MD）對於設計的概念，然後根據因不同季節而變換的織物（材料）以及顏色、輪廓、細節等要素，設計各種項目。

這時，設計師爲了將自己的想法傳達給別人，會畫一些時裝設計圖。

根據這些圖，造型師會進行造型，并且作出縫製規格表，交給縫製工廠進行縫紉，製造出成品來。

另外，在商店裏，時裝設計圖會作爲商品的目錄，可以在接待客人時使用。

可以說，時裝設計圖在表現服裝製造商的定位時起到了非常重要的作用。

設計圖有很多種，有畫得非常細致的，也有僅僅是勾畫出輪廓的，所以，我想很多人不清楚到底應該怎麼畫才好。

在這裏，讓我們一邊看各種各樣的設計圖，一邊進行詳細的解說。

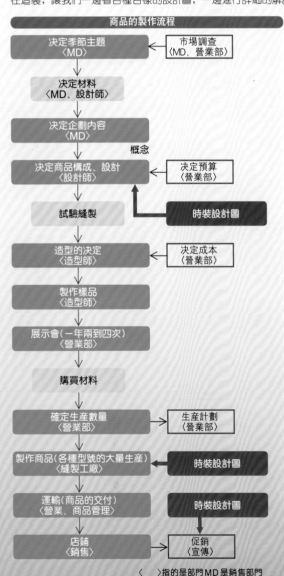

商品的製作流程

決定季節主題〈MD〉 ← 市場調查〈MD、營業部〉

決定材料〈MD、設計師〉

決定企劃內容〈MD〉

概念

決定商品構成、設計〈設計師〉 ← 決定預算〈營業部〉

試驗縫製 ← 時裝設計圖

造型的決定〈造型師〉 ← 決定成本〈營業部〉

製作樣品〈造型師〉

展示會（一年兩到四次）〈營業部〉

購買材料

確定生產數量〈營業部〉 → 生產計劃〈營業部〉

製作商品（各種型號的大量生產）〈縫製工廠〉 ← 時裝設計圖

運輸（商品的交付）〈營業、商品管理〉 ← 時裝設計圖

店鋪〈銷售〉 → 促銷〈宣傳〉

圖1：最一般的設計圖的畫法，這在服裝製造界非常常見。爲了將外觀畫得更好看一些，製造商經常會請一些外援的時裝畫家來畫這些畫，而不是自有的服裝設計師。（這是KDDI宣傳活動用的服裝設計方案）

〈　〉指的是部門 MD 是銷售部門

圖1、圖2是最一般的時裝設計圖。一般都是圖的中間有一張設計圖，在它的旁邊將圖上看不到的部分以項目圖或者比較小的圖片的形式添加上去。

在服裝生產商中，一般採用分工製度進行工作，銷售人員（MD）——設計師——造型師——縫製工廠——商店，這樣可以進行流水作業。這種情況下，如何用一張圖便將所有的東西說明清楚是非常重要的。

若是爲了參加時裝展示會，而且從頭到尾都是自己進行指導的話，可以用圖3那樣使用優先視覺形象的設計圖，這樣可以更好地傳達整體感覺。在服裝比賽中使用的設計圖也可以用這樣形式展現。爲了將服裝的構造很好地表達出來，在追加的項目圖上可以畫出前面以及後面的視角。

圖2：對於裏面穿著的、看不見的服裝，可以另行描繪。（香奈兒香水銷售人員的製服的設計方案）

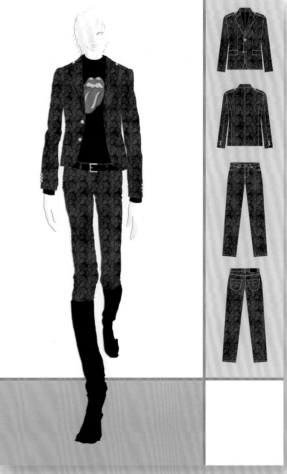

圖3：優先視覺效果的設計圖。在服裝展示會以及服裝比賽中經常可以見到這種方法。（用顏料或者PC進行加工）

視平線 ←

圖4是群像。不是一個人，而是幾個人同時出現，這樣可以把握住設計的"節奏感"。通過有效的重復，可以傳達設計師的意圖，可以産生更强烈的效果，從而抓住消費者的深層心理。

有人會認爲這樣重視視覺的構造，使這些圖片不再是設計圖，而是時裝畫了。但是，爲了在招標活動中獲得訂單，爲了和其他的公司拉開距離，這種方法經常被使用，這在顯示公司的優勢方面上十分有效。

圖5是縫製規格單。它是連接服裝生産商以及縫製工廠的紐帶，上面寫著規格大小、材料、縫製方法等信息。設計師畫出項目圖之後，由造型師製作完成。

圖6是通過宣傳而發送的設計圖。這是生産商對各個宣傳媒體的採訪而給出的回答。這樣宣傳媒體就可以根據不同季節的主題以及設計的特徵，以圖文並茂的形式傳達給消費者。如果您有畫過設計圖的經驗的話，就會知道設計師畫項目圖的意圖了。有的情況下，甚至是宣傳媒體自己補充畫出項目圖的。即使不是設計師，只要是有關於服裝的工作，對於媒體或者銷售部門來說，會不會畫畫也和他們的工作的開展有著非常直接的關係。

圖4：群像。在展示用的企劃版資料上經常可以看到。背景使用的是一點透視法。
對於群像來說，路經（遠近感）也是非常重要的。由於模特的眼睛體現視平線，所以她們的眼睛要確保在一個水平面上。（通過顏料或者PC加工）

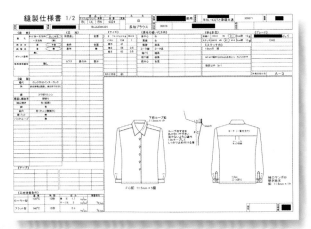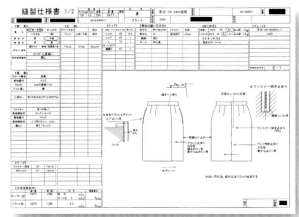

圖5：縫製規格單。不光是服裝的構造，連縫製方法都記錄得非常詳細。

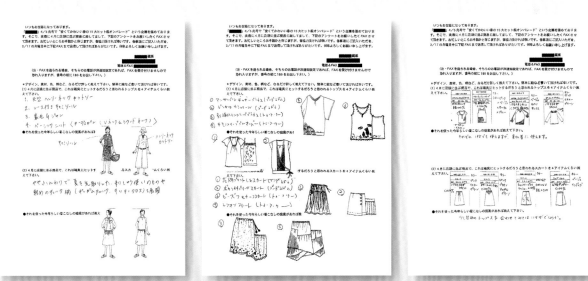

圖6：為媒體製作的宣傳單。各個品牌（服裝廠商）的宣傳部門會非常詳細地回答新聞媒體的詢問，並且將自己公司的宣傳做得十分到位。

雖然是根據不同的目的採取不同的表達方式，但是，對於時裝設計圖的創作者來說，有一個共同的焦點，那就是"將自己頭腦裏的想法和形象完全地傳達出來"。
為了做到這一點……
· 必須了解一個身著服裝、具有非常好的平衡的人體到底應當有什麼樣的比例。
· 要了解服裝的構造，了解應該以什麼樣的平衡感進行著裝和上色。

我們要以這兩點為目標去畫時裝設計圖。

徒手畫線

首先，讓我們從徒手畫出平滑的線開始。
直線和曲線是設計圖的基本。
如果每天練習十分鐘畫這兩種線的話，在一個月之後，就可以畫出漂亮的線來了。

直線要畫得像刀切得紙一樣

在畫線的時候，手的外側（小指一側）一定要向圖中那樣作為力的的支撐點。

鉛筆要使用B型以上的。如果是F型或者H型那樣堅硬的筆芯的話，在畫的時候紙上就會被畫出溝來，所以要注意。不要太用力，要輕輕地畫出線來。

如果只用鉛筆芯支持畫面的話，會不太穩定。

慢慢地向下移動，一邊畫出間隔1mm左右的線條來。

如果不能集中注意力向下滑動的話，線的後半段就會向外側歪，這一點要注意。向下滑動的時候，如果身體的方向不對的話，要把整張紙向自己的方向一側稍微錯開一點，這樣畫來比較容易一些。

線要畫得很直，像刀切一樣。畫的時候，手腕固定，肘部用力。

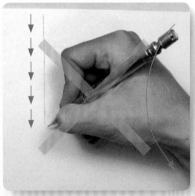

不要畫一小段一小段的線，要畫一條長線。如果用手腕畫的話，會畫出比較短的曲線來，這一點要注意。

如果將食指和拇指部分的手套切掉，會比較容易使用。

如果緊張的話，會出汗，這樣會影響到畫面。在這種情況下，可以使用手套。推薦使用絲綢質地、透氣性比較好的。

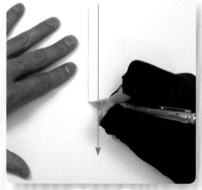

這樣的手套比較柔滑，畫出來的線條也很好。

曲線要看到前面的方向

在畫線條的軌道的時候，要看清前面的方向再畫。

圓形要從下往上畫。

容易變小。　　　容易變大。

由於拿筆的手那邊（若是右撇子的話就是右邊）變得比較大，所以要注意讓拿筆手的另一側（若是左撇子的話就是左邊）變得大一些，來相互平衡。

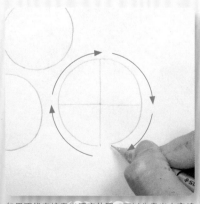

如果不能直接畫出漂亮的圓，可以先畫出十字線來，這樣會比較容易。

【 從 Phase 01 到 Phase 09 的準備物 】
· B4 大小的速寫本或者繪畫板。只要是能夠透視的紙，什麼形式都可以。
· B型以上的鉛筆（自動筆也可以）。
· 50cm 和 30cm 的尺子。可以測出直角、平行的方形尺子比較好。

直線和曲線要階段性地畫

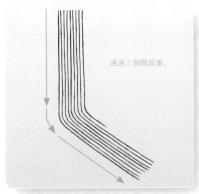

通過三個階段畫。

直線和曲線同時存在的情況下，要在線突然變得彎曲的地方暫時將筆離開紙面，階段性地畫出整體來。

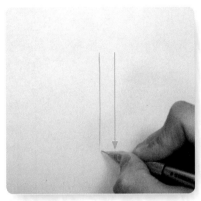

畫出直線部分。

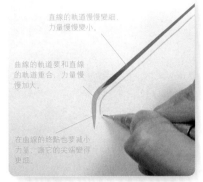

直線的軌道慢慢變細，力量慢慢變小。

曲線的軌道要與直線的軌道重合，力量慢慢加大。

在曲線的終點也要減小力量，讓它的尖端變得更細。

畫出曲線部分。

和直線相連。為了和曲線連接上，要一點點地加力。

要多畫幾條，爭取讓它們平行並等間距。

波浪線要同時使用手指和肘部力量

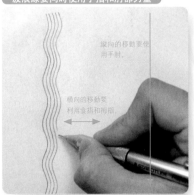

縱向的移動要使用手肘。

橫向的移動要利用食指和拇指。

要在畫直線的方法上再加上左右手指的運動的話，就可以畫出波浪線來了。

★ Phase01 的複習 ★
這次由於是第一次，所以只有畫線的練習。讓我們重複下面的練習。
○ 在畫線的時候，要將手的小指的一側貼在畫面上移動。
○ 畫直線的時候要使用肘部。
○ 畫直線和曲線要階段性地進行。
○ 畫波浪線的時候，要在縱向移動中加上橫向動作。

next !!　讓我們開始畫身體平衡的框架圖

8頭身的比例

在畫設計圖時，如果能注意到穿著衣服的身體，就可以在設計圖中將真實感表達出來。

如果馬上就畫，很有可能無法將整體的平衡在紙上表達出來。有時會畫得非常小，讓人難以看清楚；或者有時會太過於注重細節，結果整體失去了平衡，這樣真是得不償失。

要把握整體的平衡，並且一點點提高"分辨率"，完成整個設計。這是非常重要的，希望大家能夠學會。

另外，如果可以畫出具有平衡感的身體的話，就可以一直把握隨流行而時常變化的時裝的要點了。

爲了表現出這些時裝的要點，必須要將一個具有同樣比例的身體從各個不同角度自在地表達出來，這是學畫設計圖的第一步。

將框架圖墊在下面畫身體，可以永遠保持一定的平衡

看了P19的骨骼圖，大家也許會明白，身體是以關節爲支點進行運動的，在關節之間，有著身體的各個部件。

這樣，我們可以畫一些以關節的位置爲中心、表現出人的比例的框架圖來。

然後將這樣的框架圖墊在下面，畫身體的時候，就可以輕輕鬆鬆地畫出保持一定平衡感的圖畫來了。

人體的比例，不論哪個人種，都是一定的

相比地球的漫長歷史，人類可以說還是剛剛誕生。因此，和其他的動物相比起來，他們的進化差距幾乎是不存在的。

比如，鳥類無論的企鵝、鴕鳥以及老鷹，它們的骨骼的平衡是完全不一樣的。但是人類無論是白種人、黑種人、黃種人還是混血人種，他們的頭髮和皮膚的顏色雖然不一樣，但是骨骼的比例却幾乎是一樣的。

這種沒有個體差距的動物，只要遵循著一定的規律，就可以非常好地將平衡表現出來。

這裏，我們要開始學這種規律了。

人體的比例要參考時裝模特

在時裝展示會上，在T臺上走著猫步的模特們不論穿什麼衣服都顯得非常好看。

這些模特兒的體型特徵是這樣的：
1.比起整個身體來，他們的臉比較小
2.比一般人瘦了一圈
3.手脚比較長

事實上，設計師的"意圖"全部包含在這裏了。

第一，"臉比較小"的原因是：爲了讓服裝的設計顯得相對比較大，比較容易觀察，特地找一些相對來說臉比較小的人。

第二，"比較瘦"的原因是：這是考慮到媒體的因素。

我們每天都從電視熒幕或者雜誌這些平面媒體中獲得時裝的情報。爲了用電視熒幕或者平面來表現立體的實物，遠近感以及深度會變得更加模糊起來，因此，如果不將輪廓的陰影部分除去，畫得比較瘦的話，會顯得非常胖。在電視畫面上看到的名人看上去比實際上要胖，其實也是因爲畫面是平面的、沒有深度感的緣故。

第三，手脚比較長的原因是：在活動手脚，做出各種姿勢的時候，可以將動作表現的更加富有動感，這樣，設計圖看上去就栩栩如生了。

我們要根據上面的要點，依據人體平衡的規律畫出"框架圖"來。

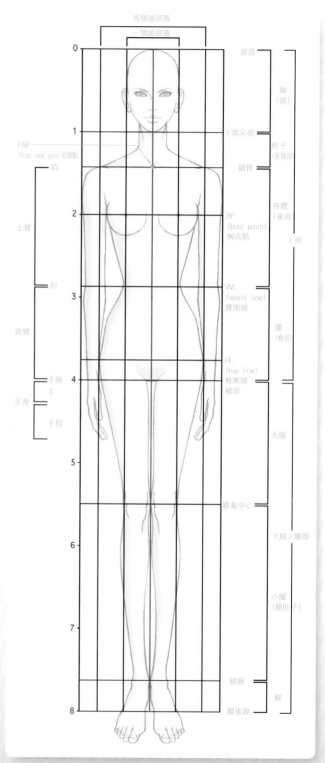

8頭身的比例的框架圖以及身體各部位的名稱。
括號內部的是從後面看的部位的名稱。

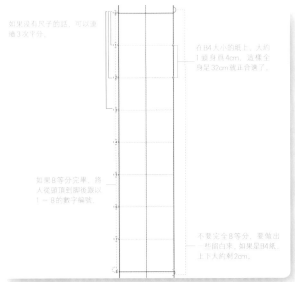

如果沒有尺子的話，可以連續3次平分。

在B4大小的紙上，大約1頭身爲4cm，這樣全身是32cm就正合適了。

如果8等分完畢，將人從頭頂到腳後跟以1－8的數字編號。

不要完全8等分，要做出一些留白來，如果是B4紙，上下大約剩2cm。

從中心向兩邊（若是B4紙這個距離大約爲3.5cm）。

首先畫出重心線。
這是左右體重的中心線條，要畫在紙張的最中心。將紙對折，也可以用尺子畫出對折用的線來。因爲這條線非常重要，所以可以畫出顏色。女性的最大橫幅大約不到兩頭身（若是B4紙，左右相加的橫幅是7cm）。

全身爲8頭身比。

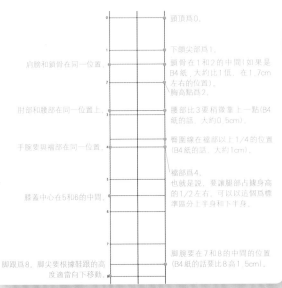

頭頂爲0。
下頜尖部爲1。
肩膀和鎖骨在同一位置。
頭骨在1和2的中間（如果是B4紙，大約比1低，在1.7cm左右的位置）。胸高點爲2。
肘部和腰部在同一位置上。
腰部比3要稍微靠上一點（B4紙的話，大約0.5cm）。
手腕要與襠部在同一位置。
臀圍線在襠部以上1/4的位置（B4紙的話，大約1cm）。
襠部爲4。
也就是說，要讓腿部占據身高的1/2左右，可以以這個爲標準區分上半身和下半身。
膝蓋中心在5和6的中間。
腳跟爲8。腳尖要根據鞋跟的高度適當向下移動。
腳腕要在7和8的中間的位置（B4紙的話要比8高1.5cm）。

各部分的位置。
我們先了解以關節爲基準的各部分的平衡感。只要了解關節之間的距離，就能確定骨骼即各部分的長度。畫圖時要以襠部爲基準觀察，而且全書的圖是在B4紙上繪製的尺寸。

肩膀、胯部的寬度爲兩個頭部寬。
腰部和胸高點爲一個頭部寬。
橫向寬度用頭部寬度表示。一個頭部寬度爲2/3頭身，B4紙的話大約爲2.6cm。
畫完之後，將沒有用的線條（第3、5、6、7頭身的線條）擦去。

橫向寬度的平衡。

★ Phase02 的複習 ★
要記住身體的平衡
○ 將一個頭部的長度規定爲1頭身的話，全身一共爲8頭身。
○ 身體的一半是腿部。
○ 頭部寬度爲2/3頭身。

next !!
下次我們來畫正面朝向的身體！

正面直立姿勢的畫法

這次我們來畫身體。畫身體的時候，要通過各個關節分割各個部位來畫。

這樣，可以更好地了解人體的動作方式。要注意不管畫多少人體，都要讓他們的比例一樣。

這次我們來畫最基本的正面直立姿勢。

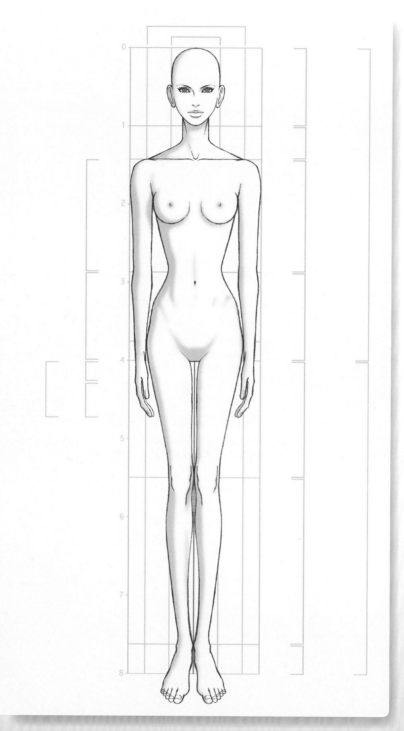

使用框架圖確定一定的平衡

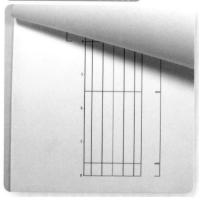

自己做的〝框架圖〞，或者使用附錄中的框架圖，將它墊在畫圖板或者速寫本下面。

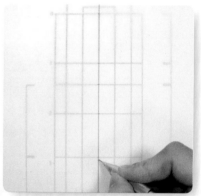

畫出重心線以及各個部位的位置。重心線因爲是重力作用的方向，所以要向正下方畫。

臉部是橢圓形的

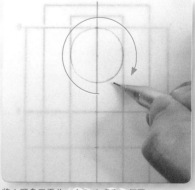

將 1 頭身三平分，在 2/3 處畫一個圓。

03

脖子是向前倒的圓柱

下顎的線條要從圓的直徑向下畫，不要向正下方，而是稍微向內部偏移些。這樣就不會畫成一個下巴臃腫的人了。

如果剛才畫得正圓和下巴能夠平滑地連接上的話，就會變成一個非常漂亮的卵形。注意要左右對稱。

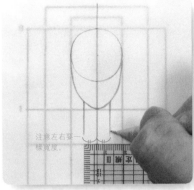

注意左右要一樣寬度。

畫一條直線，讓它的寬度達到1/2頭部寬。

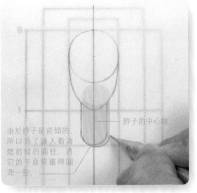

由於脖子是前傾的，所以要為了讓人看清楚前傾的圓柱，將它的下面要畫得圓潤一些。

脖子的中心線

脖子的下端是橢圓形。

要將身體的胸部和腹部認爲是一體的

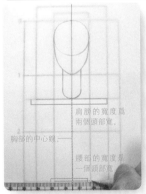

肩膀的寬度為兩個頭部寬。

胸部的中心線

腰部的寬度是一個頭部寬

在設計圖中，因為不是畫前屈的動作，因此胸部和腹部要畫成一體。

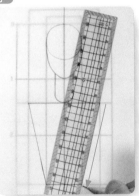

表示肩膀寬度以及腰部寬度的點要用直線連結上。

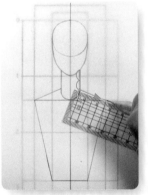

畫出肩膀。要從大約為脖子長度1/3的點向著表示肩膀寬的一點斜著拉一條線（若是B4紙，要從鎖骨上方8mm左右的地方開始畫）。

臀部要畫得寬一點

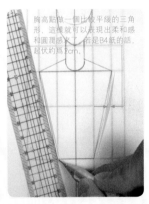

胸高點做一個比較平緩的三角形，這樣就可以表現出柔和感和圓潤感來，若是B4紙的話，起伏約為2cm。

部位基本上都是紡錘形的，因此要畫出一些圓潤感來，反過來說，明顯下陷的地方就是關節。

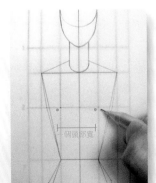

一個頭部寬

胸高點的寬度為一個頭部寬。

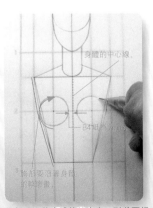

身體的中心線

B4紙

胸部要沿著身體的輪廓畫。形狀要根據戴文胸時的形狀畫，半徑為2mm。

胸部要沿著身體的輪廓畫

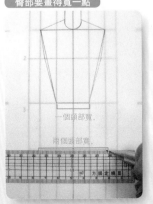

一個頭部寬

兩個頭部寬

臀部的寬度為兩個頭部寬。

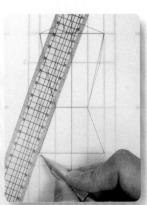

將腰部的寬度和臀部的寬度連接起來。

11   12   13   14

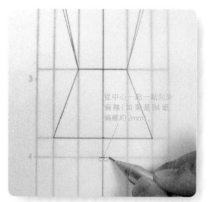

左脚和右脚要一點點離開。

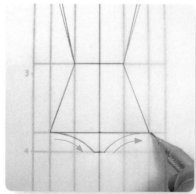

腰部可以畫得像一個比較大的束衣。

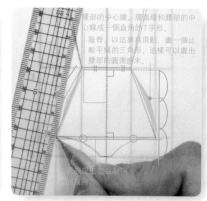

骨盆的突出處（恥骨）要在腰部以上 1/3 處。

腿部為 V 字形

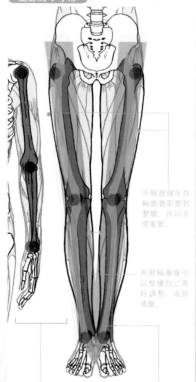

腿部不但形狀複雜，而且經常露在外面，因此畫好它很重要。從以上這幅圖中可以看出，人類在開始直立行走的時候，就成功地利用細微的曲線來避開重力的負擔。

脚部的外輪廓線

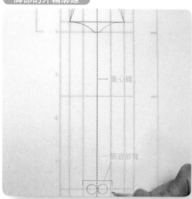

在脚腕的位置上畫上圓圈。由於是「立正」的直立姿勢，因此，要在重心線的兩側各畫一個，大小約為 2/3 頭部寬度。

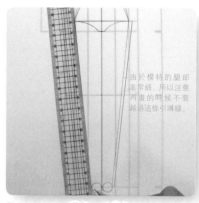

從大腿關節（嚴密地說是大腿骨的根部）到脚腕畫一條直線。

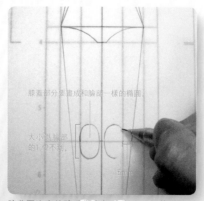

膝蓋要比直線略為靠內部一些（B4 紙的話約為 5mm）。

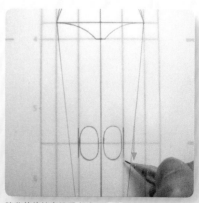

膝蓋的外輪廓線為直線。

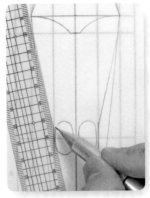

大腿要在第4頭身之前與引導線重合。以後要成爲朝向膝蓋的直線。

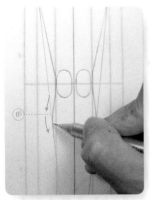

小腿肚子要在第6頭身左右便出現彎角，之後與引導線合并。

腿部的內輪廓線

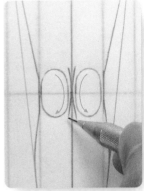

膝蓋的內輪廓線要畫得圓潤，要表現出膝蓋的飽滿。這樣，大腿骨就有了從大腿關節向膝蓋內側延伸的感覺。

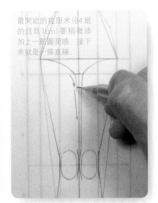

最開始的幾厘米(B4紙的話為1cm)要稍微添加上一點圓潤感，接下來就是一條直線。

大腿內部的線條，要平滑地連接襠部和膝部。

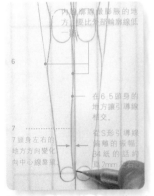

首先，從膝蓋到脚腕畫一條引導線。

由於小腿是露出比較多的地方，因此在腿部畫法中是最重要的。由於重力的作用，這裏的變形也是最明顯的，如果將兩腿併攏的話，發現它是呈V字形，是彎曲的。

以引導線爲標準，畫一個圓滑的S形。

脚是尖的

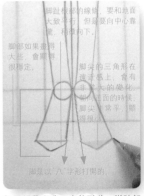

如同領帶尖端一半的形狀。脚趾部分要表現爲三角形。

手臂的重點是肩膀的圓潤感

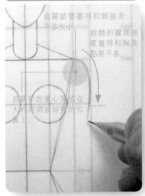

畫出肩膀的圓潤感。

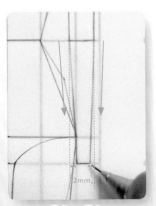

上臂是直線。從肩膀向下用直線連結。內側的線條，要從胸高點左右開始畫，這樣比較好，可以讓上臂的寬度顯得比脖子要細一些。

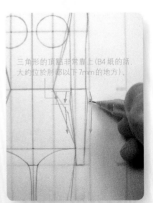

畫前臂的時候，從肩膀向手腕畫，稍微讓前端細一些。B4紙的話，要從左右各向內移動2mm左右，讓前端顯得更細。

前臂要稍微添加上一點飽滿感。

手要分出手背和手指

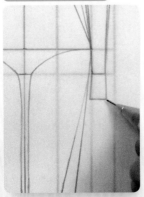

手的大小和臉部差不多。要分手背和手指來畫。手背是四角形，大小比2頭身要稍微小一些。

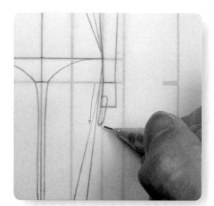

拇指要和其他四根手指分開，好像從手腕生出來的一樣。

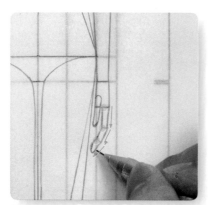

手指的長度可以和手背一樣長，也可以稍長。即使再長，也不要長於手背的1.5倍。如果稍微彎曲一點的話，看上去更有真實感。注意，關節要有三個。

臉部的描繪方法詳見 P76~P98

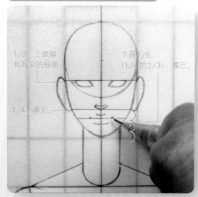

1/2，上眼瞼和耳朵的根部。

下面1/6，（1/4的2/3），嘴巴。

1/4，鼻孔。

把握好臉部各部位的平衡。畫出臉部各部位。

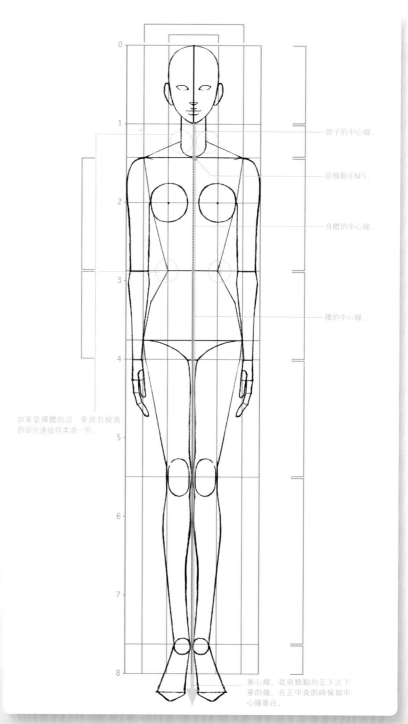

脖子的中心線。

前頸點（FNP）。

身體的中心線。

腰的中心線。

如果是裸體的話，要將有棱角的部分連接得柔滑一些。

重心線。從前頸點向正下方下垂的線。在正中央的時候與中心線重合。

臉部和身體，腿部的引導線要擦去，這樣就完成了。表示通過身體正中央的脊椎的線叫做中心線，這是將 "脖子的中心線"，"身體的中心線"，"腰部的中心線" 這三條線連在一起的。沿著前頸點向正下方下垂的線叫做重心線，是表示重力方向的線條。在正面朝向的直立狀態時，重力線和中心線是一致的。

開始清理

將完成的身體草圖墊在下面，在速寫本或者畫圖板上開始畫出裸體的人像來。如果將脖子和腰部等稜角分明的地方連接得比較柔和的話，就可以畫出真實的感覺來了。

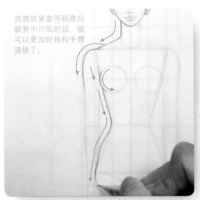

肩膀如果畫得稍微向鎖骨中凹陷的話，就可以更加好地和手臂連接了。

如果將各個部位用線連接，就可以畫出起伏感來了。

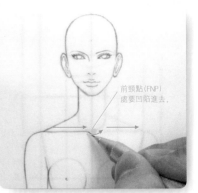

前頸點(FNP)處要凹陷進去。

表示肩膀寬的線可以直接作爲鎖骨使用。

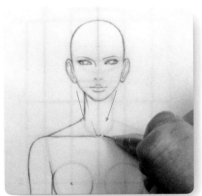

畫出脖子的筋，看上去會比較瘦削。

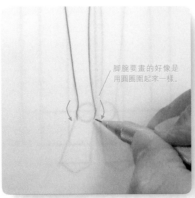

脚腕要畫的好像是用圓圈圍起來一樣。

脚腕上要有脚踝的突出。

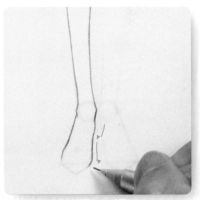

内側要注意畫出脚心部位的凹陷，要讓它稍微凹下去一點。

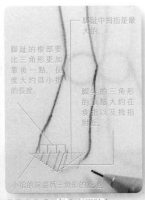

脚趾中拇指是最大的。

脚趾的根部要比三角形更加靠後一點，長度大約爲小拇指的長度。

脚尖的三角形的頂點大約在食指以及拇指附近。

小指的前端呈三角形的底邊。

將脚尖分成五份畫出脚趾來。

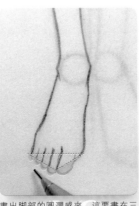

畫出脚部的圓潤感來，這要畫在三角形的外部。

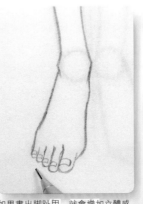

如果畫出脚趾甲，就會增加立體感。簡單的可以畫成瓦片的形狀。

在後面的手指如果也能畫出一根，可以增加立體感。

注意大腿骨與小腿是連接著的。

畫出膝蓋部的皮膚褶皺，將膝蓋骨包圍起來。

17

將身體看做是圓筒形的集合，添加上簡單的陰影

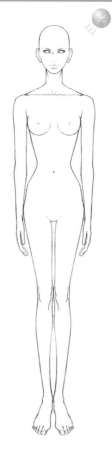

光

陰影的寬度大約為整個寬度的 1/5，不要添加得過多。

畫陰影的時候要注意和不受光一側的輪廓線保持平行。因為光源在右側，所以要沿著左邊的線條畫上陰影。

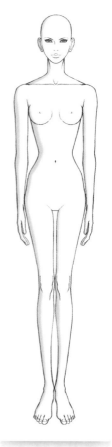

完成清理工作後，為了添加上陰影，要設定光源，一般來說光源被設定在左上角或者右上角。本書中一律將光源設在相對讀者來說的右上方。

如果將身體的部位的形狀簡略掉的話，就形成了圓筒形。將這些圓筒一個一個添加上陰影。

參考給圓筒添加陰影的方法，我們給身體添加了陰影。

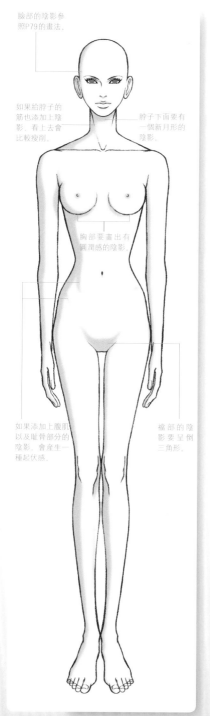

臉部的陰影參照P79的畫法。

如果給脖子的筋也添加上陰影，看上去會比較瘦削。

脖子下面要有一個新月形的陰影。

胸部要畫出有圓潤感的陰影。

如果添加上腹肌以及恥骨部分的陰影，會產生一種起伏感。

褶部的陰影要呈倒三角形。

將無法看做是圓筒形的凹凸處也添加上陰影，陰影就算完成了。52

☆ **Phase03 的複習** ☆
○ 身體的平衡是用頭身比來表現的。8頭身的身體的腿長是整個身體的一半。
○ 由於腿部是經常露在外面的，因此要注意多練習。
○ 手和腳畫得稍微大一點，可以給人穩定的感覺。
○ 多練習，使每張練習都基本能保持同樣的比例。

next !! 　下面我們讓人體活動起來吧！

正面直立姿勢（叉腿）的畫法

在我們掌握了人體的比例之後，就要讓他們的手腳一點點動起來。
運動關節的支點是十分重要的。因爲活動的部位有可能會變短或變小，因此讓我們將在phase3中畫的身體放在旁邊，一邊比較一邊畫。

必須記住的姿勢只有兩種

在設計圖中使用的站立姿勢只有兩種。
第一種是重心平均分布在兩脚的姿勢，這被稱爲〝直立姿勢〞。
另一種是將重心放在其中一隻脚上的姿勢，這叫做〝單腿重心姿勢〞。
在創作姿勢的時候，要表現出站立時的體重是在哪隻脚上，這是畫出美麗姿勢的重點。

直立姿勢是重心平均地分布在兩隻脚上的姿勢。
這次，讓我們將直立姿勢的步幅擴大一點，畫一個叉腿的姿勢。

人體的骨骼（正面）

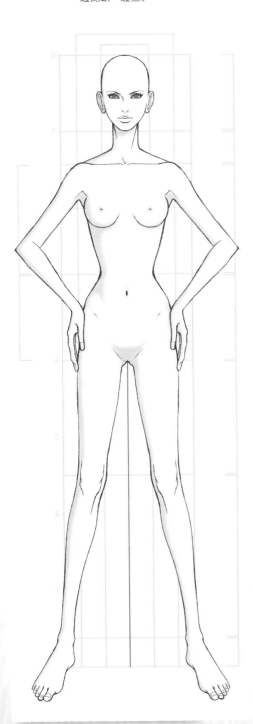

正面直立叉腿姿勢。
爲了能夠畫出站立的姿勢，必須要從支撐體重的下半身的動作學起。

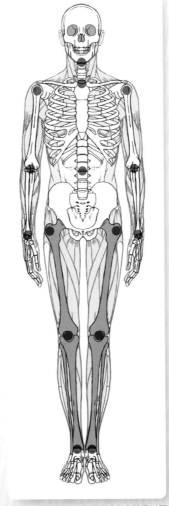

看了人體的骨骼，就可以明白身體是以關節爲支點活動的。

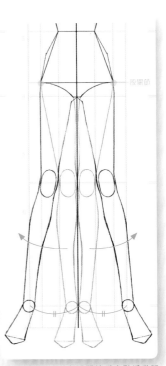

直立姿勢可以以大腿關節爲支點活動腿部。重點是重心線左右的間隔是相同的。

上半身不能動

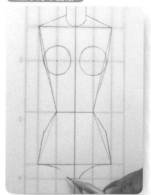

不動的部分是臉部、身體、腰部。可以與 P12 到 P14 中同樣的方法描繪。大家可以當做是複習，嘗試畫一下。

即使兩腿打開，腿的形狀也不能變

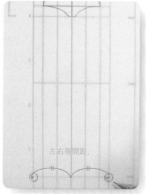

左右等間距。

直立姿勢因為重心線左右兩邊的間隔是相等的，因此左右兩腿距離重心線的步幅要一樣，根據這個確定腳腕的位置，畫上圓圈。

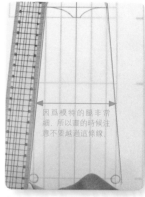

因為模特的腿非常細，所以畫的時候注意不要越過這條線。

從大腿關節，嚴格地說是大腿根部，向腳尖連一根直線。

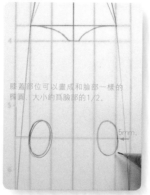

膝蓋部位可以畫成和臉部一樣的橢圓，大小約為臉部的1/2。

5mm

膝蓋骨要畫得比直線稍微靠內一點，如果是B4紙膝蓋要離直線5mm左右。

腿的外輪廓線

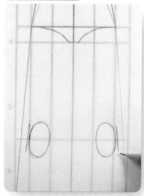

膝蓋的外輪廓線是直線。

大腿在第 4 頭身左右與直線是重合的，之後便變成了朝向膝蓋的直線。

腿的內輪廓線

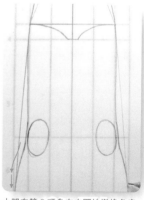

小腿在第 6 頭身左右開始變換角度，與直線併攏，並且和直線重合。

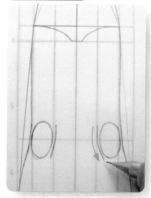

膝蓋的內輪廓線要添加上圓潤感，要沿著膝蓋的膨脹輪廓畫線。這樣，就可以畫出大腿骨是向內側傾斜的感覺。

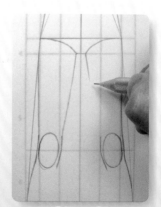

內側的大腿線條也要將膝蓋和襠部平滑地連接起來。

如果是開腿姿勢的話，臀部的肉要可以看見。

從膝蓋連接到腳腕

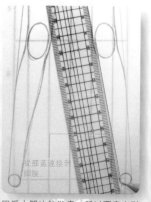

因為小腿比較難畫，所以要畫出引導線來輔助畫。

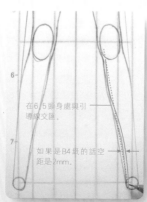

在6.5頭身處與引導線交匯

如果是B4紙的話空距是2mm。

以引導線為基準，畫一個平滑的圓形。如果是B4紙的話，突起的空距是2mm。

稍朝向外的脚，可以看到脚跟

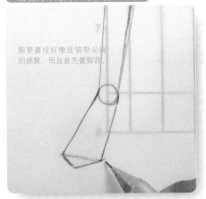
脚要畫成好像是領帶尖端的感覺，而且首先畫脚背。

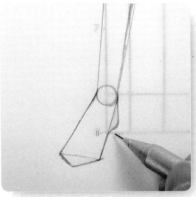

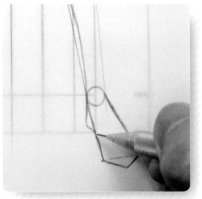

脚要畫成好像是領帶尖端的感覺，而且首先畫脚背。

脚跟是三角形的。脚心的凹陷處要放在第8頭身的地方。

另一邊的脚要對稱，從不容易畫的一邊（拿畫筆的手的另一邊）開始畫會比較容易。

嘗試讓手臂打開

手臂打開的角度超過90°的話，就會以前頸點爲支點，開始頸背和肩胛骨的活動。

在90°以內，隻是肩關節在活動。

肩膀的動作。

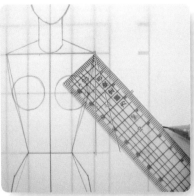
看一下活動手腕時肘部的軌跡。先測量一下上臂的長度，然後以肩膀爲支點，測量三個長度一樣的地方，畫上點。

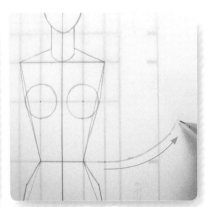
將肘部的軌跡連接上，就可以形成一個圓弧。上臂以肩關節爲中心進行圓周運動。

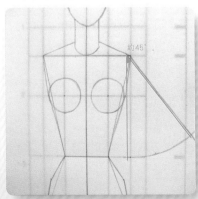
畫出上臂的外線。 **19**

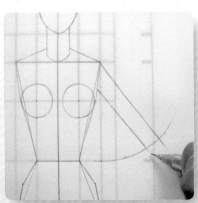
畫出手臂的內線。要注意保持和下垂時有同樣的寬度。 **20**

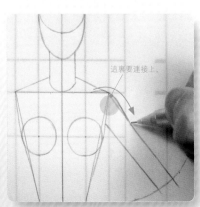
畫出手臂的肌肉。要畫出一些圓潤感米，使其看起來在鎖骨處下陷，並且包住了肩關節。 **21**

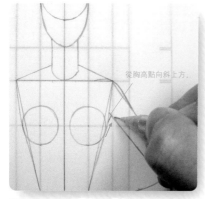

如果打開手臂的話，可以看到腋下。畫出這條線，手臂和身體的連接就變得自然了。

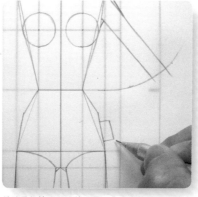

前臂是根據遠近感的不同而長度會發生變化的地方。如果先畫出前臂的目標點：「手」的話，就不會失去平衡了。畫出手背貼在腰上的感覺。

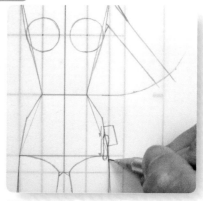

拇指要從手腕的根部開始畫。

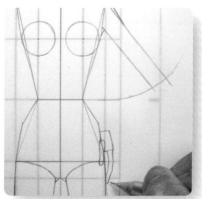

畫出手指來。直立的時候，注意手指的大小不會發生變化。

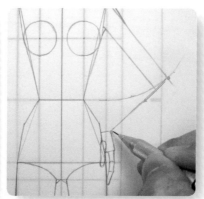

將手肘和手腕連起來。

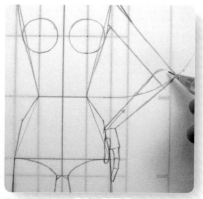

畫出前臂的內線來，注意要和下垂的時候保持一樣的寬度，並且越靠近手腕就越細。

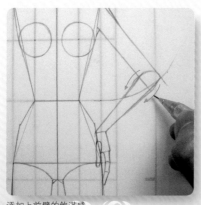

添加上前臂的飽滿感。28

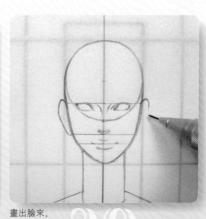

畫出臉來。29

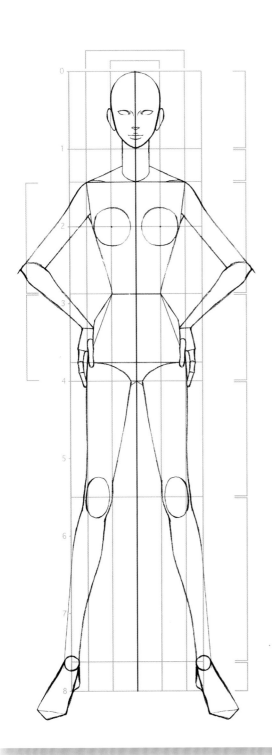

擦去引導線，完成整體。**30**

在畫裸體像的時候，要將線條連接的比較圓潤

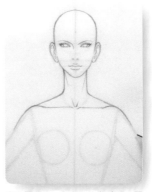

在上面蓋上一張紙，進行清理。要讓身體的線條圓潤地連接，感覺好像身體上覆蓋著薄薄的、柔軟的皮膚一樣。

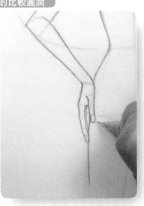

如果畫出指甲，就可以分辨出手指的方向來了。

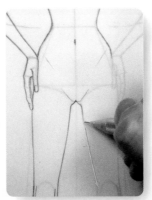

爲了達到左右對稱，在關節間迅速地拉一條線。雖然多少會有可能畫偏一點，但是一定要仔細地畫。

從小腿到脚踝也要一氣呵成。

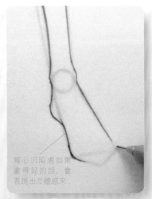

畫出脚的輪廓。支撐體重的脚後跟要用力强調。**35**

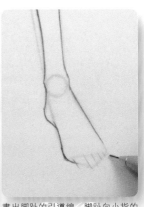

畫出脚趾的引導線。脚趾向小指的方向逐漸變小。**36**

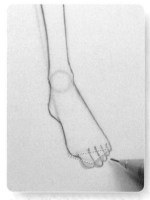

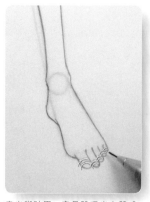

在三角形的頂端添加上圓潤感，完成腳趾。

畫出腳趾甲，容易體現出立體感。畫得時候要考慮到腳趾的圓潤感，因此要把指甲畫成瓦片的形狀。

★ Phase04 的複習 ★

○ 試著畫出各種不同步幅的直立姿勢。

○ 如果活動部位的話，有可能這些部位會看上去變小一些，因此，要在畫畫的同時確認膝蓋、腳、手是不是和直立時候一樣的。

○ 手臂（特別是前臂）由於遠近感不同，看上去的長度也很容易變化，因此要先畫出上臂和手來，再將中間的部分添加進去。

○ 如果腳的方向是斜著的話，腳跟就可以看見。因為這裏是支撐身體的部分，因此要仔細畫。

○ 要多畫，多熟練，一直到自己不論畫多少張都可以保持同樣的平衡感為止。

next!! 挑戰模特兒站姿！

試著添加陰影

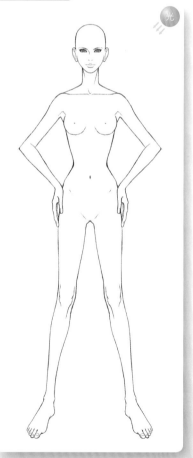

清理完畢。光源設定在右上方，添加上陰影。

39

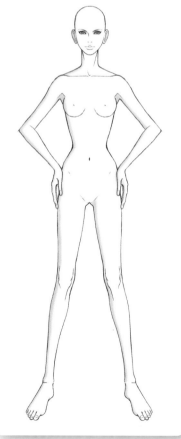

一個部位一個部位地，沿著陰影一側的輪廓線添加上陰影。

40

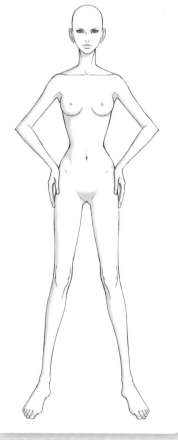

要注意臉部、胸部等的立體感。

41

24

站姿和走姿的畫法

單腿重心姿勢的畫法

讓模特兒的站立姿勢看上去比較帥的秘密就是變換站立的方式。模特兒的站立方式，並不是像"直立姿勢"那樣體重平均分配在兩脚上的安定姿勢，而是將體重放在其中一條腿上，扭曲身體，將骨骼所擁有的動感節奏全部表現出來。單腿重心姿勢是設計圖中最重要的姿勢。

各個腿的名稱

單腿重心姿勢模特經常用的姿勢。此前我們一直都是讓體重平均分配在兩條腿上，這次，由於兩腿的作用不同，所以要分別起個名字。
· 支撐體重的腿：支撐腿或者軸心腿。
· 沒有體重支撐的腿：游離腿或者依附腿。

單腿重心的動作

由直立姿勢變換爲單腿重心姿勢的時候，不光是腿部，連腰部也進行旋轉。這種"向斜向旋轉的腰部"能不能畫得好，是最需要注意的地方。

特徵

單腿重心姿勢的特徵有以下兩點。
· 軸心腿的脚腕要在重心線（從FNP直線下垂的線條）附近的地方。
· 腰部要以WP（Waist Point腰點）爲中心旋轉。腰圍線要變傾斜，高的一端在支撐腿一側。

如果表現出這兩個特徵的話，就可以形成單腿重心姿勢了。

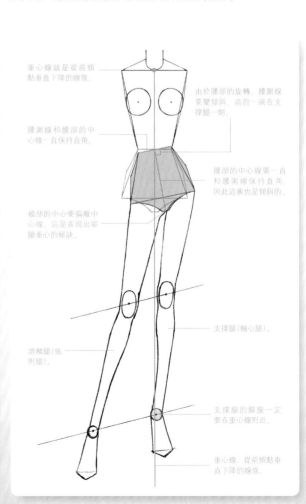

重心線就是從前頸點垂直下降的線條。

由於腰部的旋轉，腰圍線要變傾斜，高的一端在支撐腿一側。

腰圍線和腰部的中心線一直保持直角。

腰部的中心線要一直和腰圍線保持直角，因此這裏也是傾斜的。

襠部的中心要偏離中心線，這是表現出單腿重心的秘訣。

支撐腿（軸心腿）。

游離腿（依附腿）。

支撐腿的脚腕一定要在重心線附近。

重心線，從前頸點垂直下降的線條。

正面單腿重心姿勢。

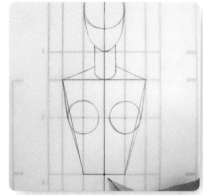
上半身要和此前一樣

斜著的腰要畫得緩和一些

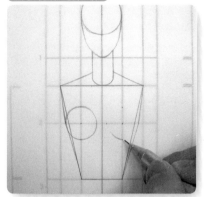

單腿重心姿勢是下半身的動作,,因此臉部、頸部、身體和此前的畫法一樣。

在腰點作標記。以這裏爲支點,腰部會發生旋轉。

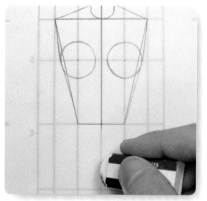

由於容易將重心線當成傾斜了的腰部的中心線,所以要先擦去。

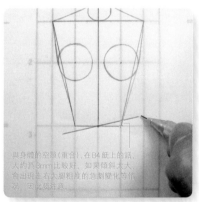

與身體的空隙(重合),在B4紙上的紙,大約爲3mm比較好,如果傾斜太大會出現在右太粗的急劇變化等情況,因此要注意。

畫一條斜著的腰圍線,讓它通過腰點。腰圍線向上偏離的一方是支撐腿的方向,因此左脚(讀者的右方)是支撐腿。

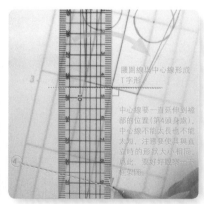

腰圍線與中心線形成T字形

中心線要一直延伸到襠部的位置(第4頭身處),中心線不能太長也不能太短,注意要使其與直立時的形狀大小相同,因此,要好好把握一下框架喲

腰部的中心線要和腰圍線形成一個直角。可以將紙旋轉一下,讓斜著的腰圍線變得水平。這樣就可以畫出水平、直角、左右對稱來了。 **重要 point**

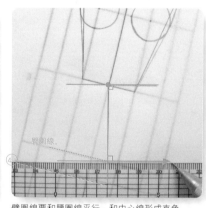

臂圍線

臂圍線要和腰圍線平行,和中心線形成直角。

一個頭部寬

以中心線爲中心,等間隔畫。

兩個頭部寬

腰部和胯部的寬度點要連結起來,畫出輪廓。注意左右的寬度要一樣。

07

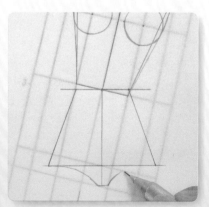

畫出襠部,感覺好像穿一條比較大的內褲一樣。

08

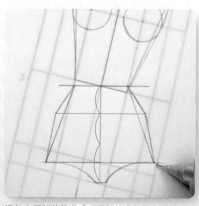

添加上腰部的飽滿感,腰部的凸起要在腰部上方1/3處。

09

支撐腿由於支撐體重，因此要用力畫

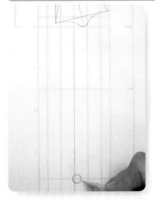

因爲支撐腿的腳腕要在重心線（從前頸點垂直下降的線條）附近，所以要將支撐腿的腳腕設定在重心線附近，畫上一個圓圈。

從大腿關節，嚴格地説是大腿根部，到腳腕的邊緣部位用直線連結上。因爲模特兒的腿特別細，因此注意不要越過這條線。

從這條線向內5mm處。

大小約爲腕部的1/2。

在比直線稍微靠內的地方，B4紙的話約爲5mm，畫出膝蓋來。膝蓋要畫成和臉部一樣的橢圓形。

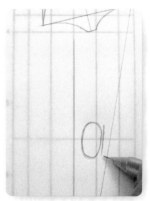

膝蓋的外輪廓線爲直線。

大腿要在第4頭身處之前與引導線重合，以後變成朝向膝蓋的直線。

小腿在第6頭身左右彎曲，之後與引導線合併，重合。

膝蓋的內輪廓線要添加上圓潤感，顯出膝蓋是非常飽滿的。這樣，可以看出大腿骨有向內側傾斜的感覺。

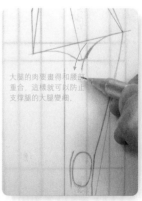

大腿的肉要畫得和腰部重合，這樣就可以防止支撐腿的大腿變細。

內側大腿和腰部重合的部分，要畫出肉的飽滿感來。

將膝蓋和襠部流暢地連結起來。

18

引導線要從膝蓋到腳腕用一條直線連結起來。

因爲小腿的形狀比較複雜，因此要添加引導線。

19

在第6.5頭身左右與引導線相交。

最大的間距。在B4紙上爲2mm。

以引導線爲基準，畫一個柔滑的S形。最大的間距，在B4紙上爲2mm。

20

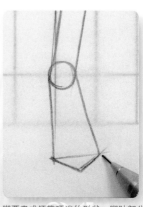

腳要畫成領帶頂端的形狀，腳趾部分用三角形表現。如果畫得稍大一點的話，會有一種穩定感。

21

27

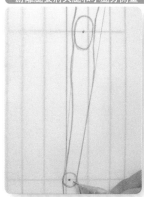

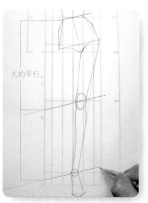

大約平行。

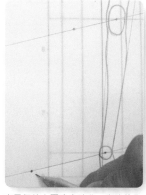

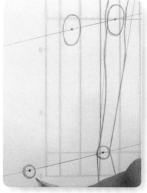

在支撐腿的膝蓋、腳腕的中心處畫兩個點。

為了讓兩腿的長度相等，要讓連結左右膝蓋、腳腕的線條與腰圍線平行。

在平行線上面決定膝蓋、腳腕的位置。如果讓腳腕稍微偏離重心線一點的話，看上去會比較真實。

畫出膝蓋、腳腕的圓圈。注意左右要一樣大。

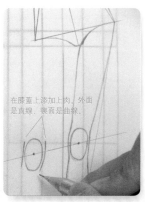

在膝蓋上添加上肉，外面是直線，裏面是曲線。

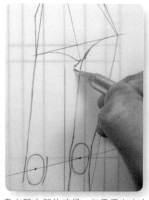

兩條腿要畫得差不多粗，游離腿要稍微粗一點。

由於沒有支撐體重的腿可以自由地活動，因此要和畫手臂一樣，將大腿和小腿分開來畫。

畫出大腿外側的線，從大腿關節到膝蓋，幾乎是一條直線。

畫大腿內部的時候，如果看上去太胖，可以添加上臀部的線進行調整。但是，一般來說游離腿比支撐腿是胖一些。這是因爲它沒有支撐體重，因此肉的緊張感比較小，比較鬆弛。

如果畫出了臀部的線條，調整了腿的粗細，就可以用直線連結到膝蓋了。

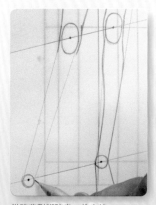

突出部分在B4紙上爲2mm。

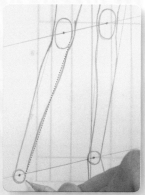

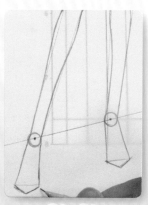

從膝蓋到腳腕畫一條直線。

小腿的外線是平緩地突出的。

小腿的內側是平緩的S形。首先要向內部突出，在小腿上方1/3處左右開始有下陷的感覺。

由於游離腿比支撐腿更靠前，因此根據遠近感的緣故要稍微畫得大一些。

先畫手叉在腰上，前臂最後畫比較好

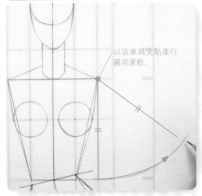

以這裏爲支點進行圓周運動。

手臂是以肩關節爲中心進行圓周運動。要將手肘的軌跡畫成一條弧線。

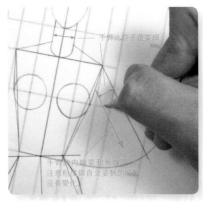

手臂比脖子還要細

手臂往內彎和外伸時，注意粗度與直立姿勢的時候沒有變化。

上臂。

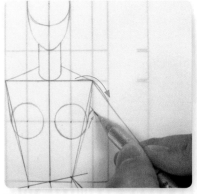

添加上肩膀的肌肉以及腋下。將身體與手臂順暢地連結起來。

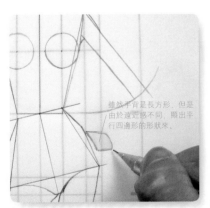

雖然手背是長方形，但是由於遠近感不同，顯出平行四邊形的形狀來。

前臂由於遠近感不同而形成各種變化，比較難畫。因此要從手畫起，從手背開始。

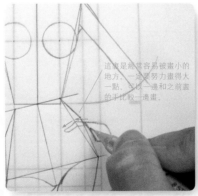

這裏是經常容易被畫小的地方，一定要努力畫得大一點，可以一邊和之前畫的手比較一邊畫。

抓物體的手指是拇指和食指。如果和其他的三根手指分開畫，就比較容易了。食指要和手背平行而出，在關節處彎曲。

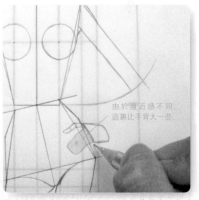

由於遠近感不同，這裏比手背大一些。

從中指到小指要一起畫，看起來好像是畫一個連指的手套一樣。

分出三根手指來，其中中指最長。

40

畫出拇指。

41

連結手腕和手肘，畫出前臂，首先是外線。

42

29

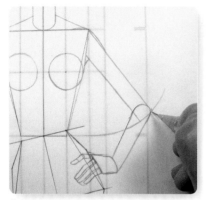

前臂的內線要從手腕到手肘, 稍微向外擴張。

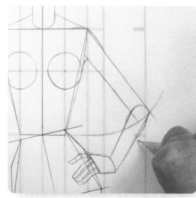

畫出前臂的飽滿感。

畫出上臂、前臂、手背。

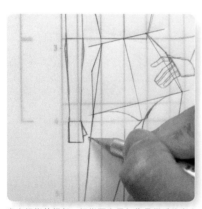

畫出拇指的根部, 拇指要畫得好像是從手腕中生出來的一樣。

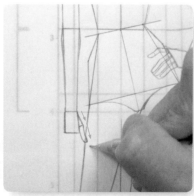

畫出拇指。

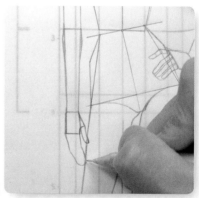

一般情況下, 垂著的手指可以四根一起畫。手指要畫得和手背一樣或者稍微長一點。

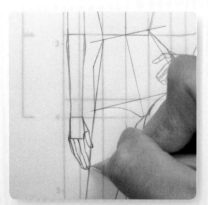

將手指整體圖分成四份, 中指最長。

49

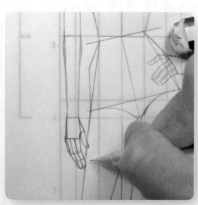

添加上關節, 手指的關節有三個。

50

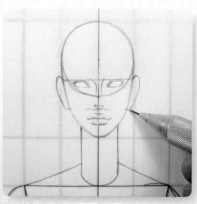

畫出臉部的細節。

51

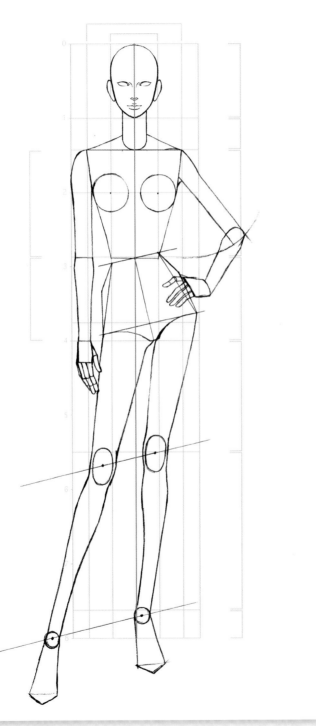

將不要的線擦掉，完成整體。

52

裸體像

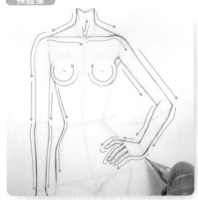

注意讓每個部位的線都成爲一體。因此要將每條
線都連結起來，讓它們不要是一段一段的。

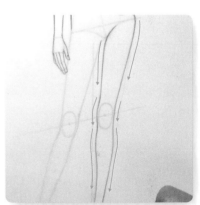

腿部一定要從支撐腿開始畫。畫到只剩一條游離
腿的時候，確認整幅圖是否平衡，穩定。

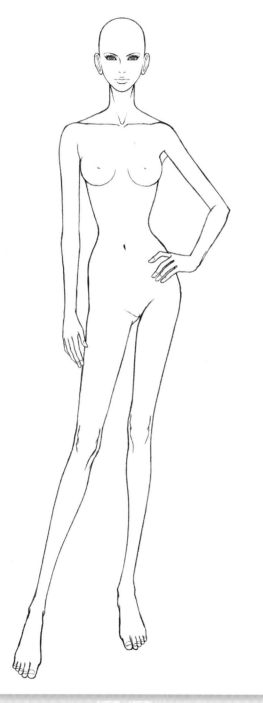

清理完畢，設定光源在右上方，添加上陰影。

55

一個一個部位地畫，沿著陰影一側的輪廓線添加上陰影。

56

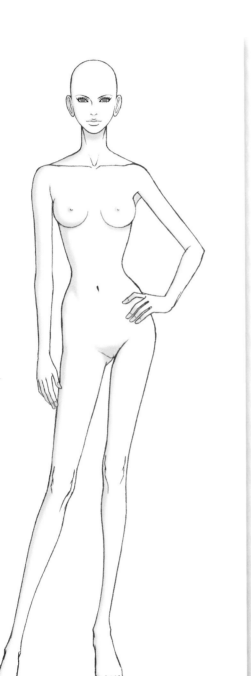

單腿重心姿勢的變化

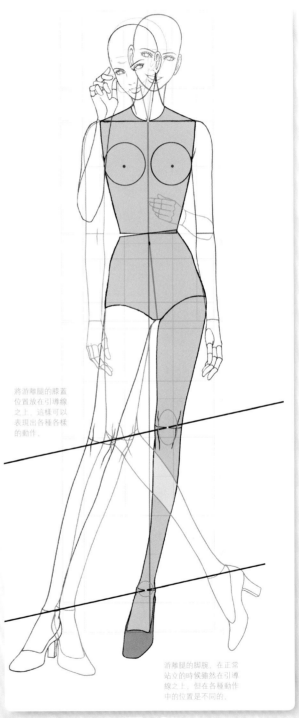

將游離腿的膝蓋
位置放在引導線
之上，這樣可以
表現出各種各樣
的動作。

游離腿的腳腕，在正常
站立的時候雖然在引導
線之上，但在各種動作
中的位置是不同的。

要注意臉部、胸部等處的立體感，追加上陰影。

57

可以在保持腰部的傾斜以及支撐腿的平衡的同時，活動其他部位，這樣就可以得到各種各樣的姿勢。如果將膝蓋的位置放在引導線上面的話，就可以進行各種各樣的動作。大家試著嘗試一下各種各樣的姿勢吧。

走 姿

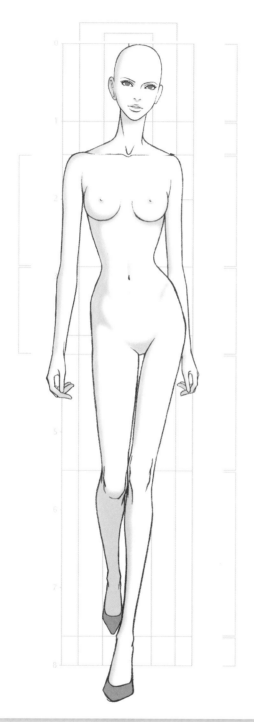

學習了單腿重心姿勢，可以試著描繪走描步的姿勢。這種姿勢的畫法，最重要的是後方抬起的游離腿的小腿的畫法。

抬起的游離腿要如同畫手臂一樣，考慮到遠近感

由於臉部也有神情表現，因此脖子以上要之後再畫。

從上半身一直到畫支撐腿的地方都和P26～P27學習的畫法是一樣的。大家再畫一次，當成一次複習。

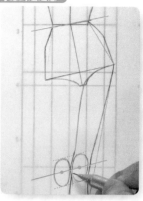

從支撐腿的膝蓋重新開始，畫一條和腰圍線相平行的線條，確定游離腿的膝蓋的位置。

游離腿的大腿也畫出來。由於支撐腿的緣故，游離腿膝蓋的内側要稍微被掩蓋一些。

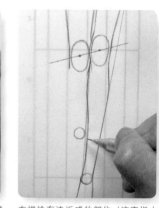

在描繪有遠近感的部位（這裏指小腿）時，首先要確定目標點的位置（脚腕的位置）。這與確定手叉在腰部的上臂的位置是一樣的方法。

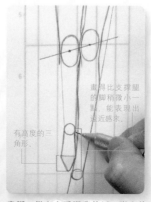

畫得比支撐腿的脚稍微小一點，能表現出遠近感求。

有高度的三角形。

畫脚，從上方看脚背的話，脚尖的三角形看上去比較長。

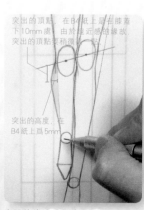

突出的頂點，在B4紙上是在膝蓋下10mm處，由於遠近感的線故突出的頂點要稍微

突出的高度，在B4紙上為5mm

小腿的外線是向外突出的。如果用直線連結小腿和脚腕，畫出引導線，就會比較容易畫。

34

臉部

以 S 形的線條畫出小腿內側的膨脹感和凹陷感。

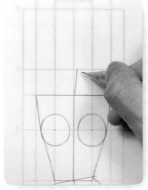

首先畫出脖子的中心線，要向右方傾斜一些，畫出動感。

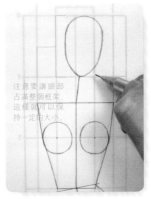

在中心線上面畫頭部。

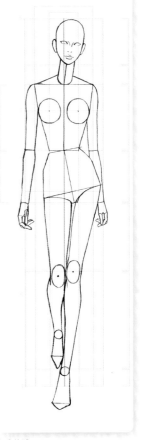

在畫脖子和肩膀的時候，要注意不要讓寬度和高度變化。

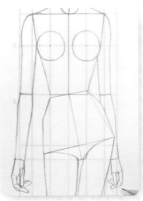

支撐腿側的手臂要在後面，這樣可以形成交互擺臂的形式。

畫臉時，要稍微斜向一些，畫法參照 P76 ～ P98。

完成整體。

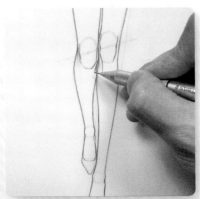

在剛才畫的圖上面蓋一張紙，畫出裸體像來，重點是要讓線條順暢地連接起來。

★ Phase05 的複習 ★
○ 這次的重點是傾斜的腰部。不要讓活動的腰部變歪斜，一定要注意腰圍線、中心線、臂圍線的"直角"、"平行"、"左右對稱"、"長度"這四點，反復練習。
○ 如果活動各部位，它們有可能會看上去變小。這次的腰部很有可能被畫小，所以要注意。
○ 注意左右腿之間的粗度不要相差太大。
○ 嘗試著讓手臂、臉部活動起來，畫各種各樣的姿勢。
○ 如果將游離腿的膝蓋的位置，放在以支撐腿的膝蓋為中心而拉出來的斜向引導線上的話，並可以與手臂、臉部的動作結合起來，形成各種姿勢大家可以嘗試一下。

next !!　姿勢的畫法到這裏就告一段落了。接下來,我們要學著改變一下身體的方向!

06
phase

由身體的朝向而引起的變化

斜向直立姿勢的畫法

我們之前只學過站立姿勢中的直立和單腿重心這兩種畫法。接下來，我們將學習因身體的朝向不同而引起的畫法的變化。身體的角度不同，它的樣子也是不一樣的。在正面看是左右對稱的，如果從斜向看的話，會變得不對稱。

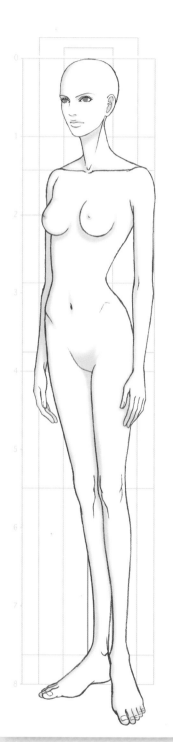

斜向的身體。

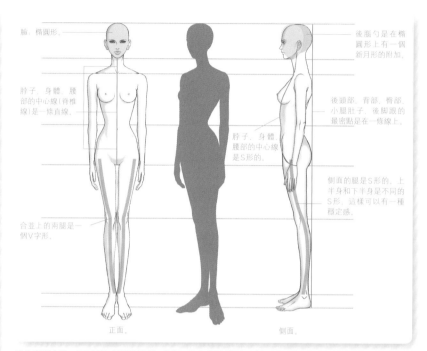

腦：橢圓形。

脖子、身體、腰部的中心線(脊椎線)是一條直線。

合並上的兩腿是一個V字形。

正面。

脖子、身體、腰部的中心線是S形的。

後腦勺是在橢圓形上有一個新月形的附加。

後頭部、背部、臀部、小腿肚子、後腳跟的最密點是在一條線上。

側面的腿是S形的，上半身和下半身是不同的S形，這樣可以有一種穩定感。

側面。

首先我們來看一下正面和側面的特徵。中和了兩者的特徵，就是斜向身體的特徵了。

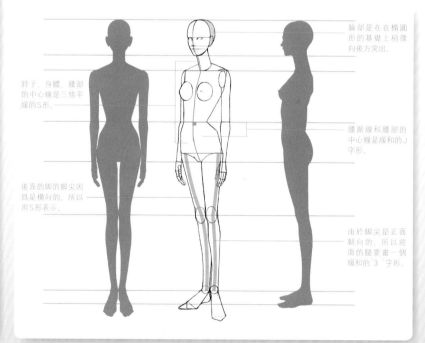

脖子、身體、腰部的中心線是三條平緩的S形。

後面的腳的腳尖因為是橫向的，所以用S形表示。

臉部是在在橢圓形的基礎上稍微向後方突出。

腰圍線和腰部的中心線是緩和的J字形。

由於腳尖是正面朝向的，所以前面的腿要畫一個緩和的「3」字形。

中和正面及側面的特徵，就變成了上圖的樣子。

此前一直都是直線的中心線變成了S形的曲線

重心線。

各部位的位置。

斜向身體角度，是攝影機從正面向橫向移動途中的角度。從正面看不到的後頭部以及背後、臀部的線條也能看見，身體被立體地表現出來。

為了讓左右的寬度一樣，在方塊的中心畫一條線。

對於斜向的物體來說，由於遠近感的原因，前面的東西看上去會比較大。

遠近感是指後面顯得比較小，前面顯得比較大的現象。

將附錄中的身體「框架圖」謄寫到速寫本或者繪畫板上。

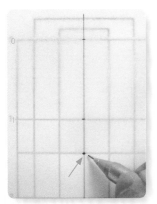

畫出中心線。在前頸點上畫上一個點。

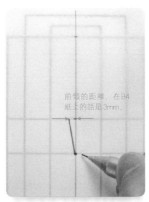

前傾的距離，在B4紙上的話是3mm。

脖子。
從前頸點出發，稍微向前傾。

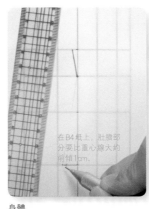

在B4紙上，肚臍部分要比重心線大約前傾1cm。

身體。
肚臍部分要向前突出一些。

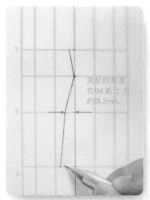

突起的高度在B4紙上大約為2mm。

要注意肋骨的圓潤感，胸高點處要突起出來。

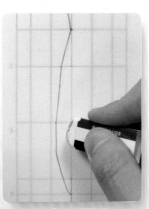

最先要和腰圍線形成直角，朝向正下方畫。

上方1/3處要和柔地彎曲。

J的根部處要倒到重心線。

腰部。
腰部的中心線是J字形。

畫完中心線之後，擦掉重心線。如果留下的話，會容易混淆。

頭部畫法的重點是後腦勺

臉部的重心線要偏向前方。

在臉部的中心線上畫一個橢圓形。

畫後腦勺時，後腦勺要畫成新月狀，在橢圓形上方2/3處畫。

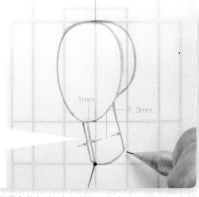

相當窄。相當寬。

1mm

1.3mm

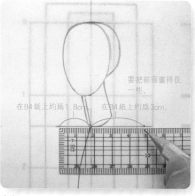

要把前面畫得長一些

在B4紙上約為1.8cm。 在B4紙上約為3cm。

脖子從傾斜角度看的話有一些變粗，它的斷面是一個柔和的扇形。如果從這個角度看扇形的話，它的後面和前面之間的差距非常大。

肩寬。
肩寬從正面看約為兩個頭部寬，但是從傾斜角度看的話，要比兩個頭部寬稍微短一點，在B4紙上約4.8cm。從中心線到兩邊的寬度，由於遠近感而發生變化，這是重點。

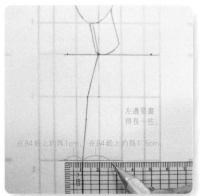

左邊要畫得長一些。

在B4紙上約為1cm。 在B4紙上約為1.5cm。

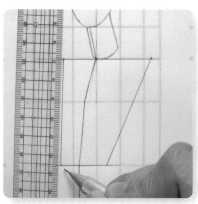

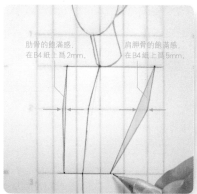

肋骨的飽滿感，在B4紙上為2mm。 肩胛骨的飽滿感，在B4紙上為5mm。

腰圍線。
腰部的寬度從正面看雖然是一個頭部寬，但是從傾斜角度看的話，要比一個頭部寬稍微短一點，在B4紙上約為2.5cm。和肩寬一樣，中心線到兩邊的寬度，由於遠近感而發生變化，這也是重點。

將肩部和腰部用直線連結起來。

在胸部和背後添加上飽滿感。

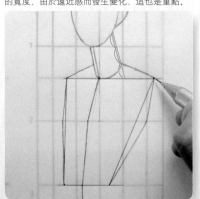

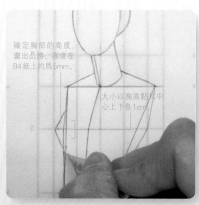

確定胸部的高度，畫出凸感。高度在B4紙上約為5mm。

大小以胸高點為中心上下各1cm。

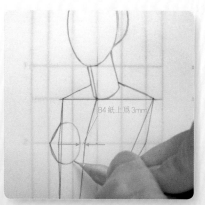

B4紙上為3mm

肩膀的線條是從脖子的1/3開始。在B4紙上約為8mm。

15

畫出胸部的隆起。

16

添加上胸部的圓潤感。從正面看是圓形的胸部，從傾斜角度看，由於遠近感而變成豎長的橢圓。

17

胸部是以胸椎爲向外八字形展開的。因此，從傾斜角度看的話，不是兩個相同形狀的胸部并排排列，其中後面的是橫向，前面的是正面朝向的。

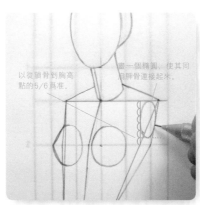

畫出手臂的根部，也就是手臂與身體的連接處。

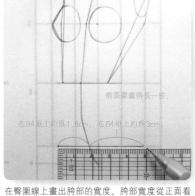

在臀圍線上畫出胯部的寬度。胯部寬度從正面看雖然是兩個頭部寬，但是從傾斜角度看，比兩個頭部寬要短一些。在 B4 紙上約爲 4.8cm。同肩膀寬度、腰部寬度同樣，中心線到兩邊的寬度，由於遠近感而發生變化，這是重點。

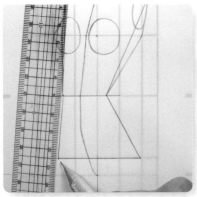

用直線將表示腰部寬度和胯部寬度的點連接起來。

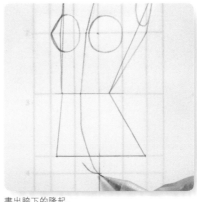

畫出胯下的隆起。

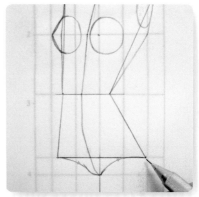

畫出大腿根。

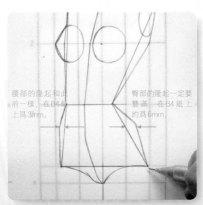

畫上腰部和臀部的隆起。

24

腿

確定腳腕的位置。從傾斜角度看，後方的腳腕要距離重心線近一些。

25

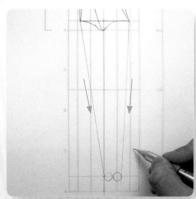

將大腿關節，嚴格地說是大腿根部，和腳腕用直線連接起來。

26

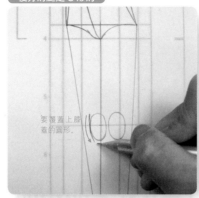

後方的腿是 S 形的

在B4紙上，膝蓋
要畫在直線內部
5mm處。

畫出左右膝蓋。

要覆蓋上膝
蓋的圓形。

由於後面的腿是橫向的，因此形成S形。

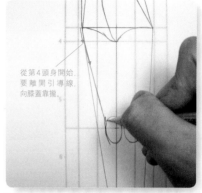

從第4頭身開始，
要離開引導線，
向膝蓋靠攏。

連接大腿關節和膝蓋，就形成了大腿的線條。

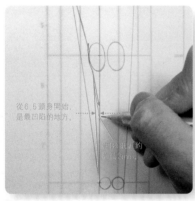

從6.5頭身開始，
是最凹陷的地方，

橫向的小腿是向腳尖方向的反方向突出的。

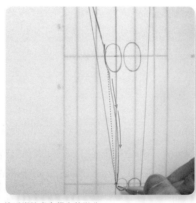

接近腳腕處有很大的彎曲。

橫向的腳既有腳後跟又有腳尖

這裏如果畫成水平的話，
就變成橫向的腳尖了。

模仿領帶的頂端，畫出腳來。

腳跟的三角形的底邊以
腳的1/2處為標準。

畫出腳跟。

33

從腳踵到腳趾有
一些彎折。

畫出腳尖。

34

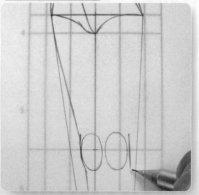

前面的腿是V字形的

畫出左腿膝蓋的外輪廓線。

35

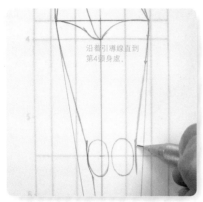

用直線連接大腿關節以及膝蓋的外輪廓線。

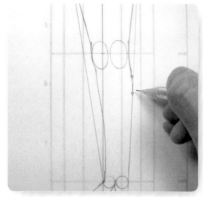

畫小腿時，在第 6 頭身左右彎曲，與引導線相交。

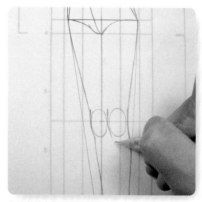

內輪廓線也從膝蓋開始畫。

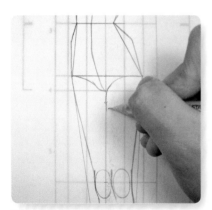

內側大腿的最初幾厘米，在 B4 紙上約為 1cm，要畫出一些圓潤感來，因此要將大腿的根部的延長線畫成曲線。

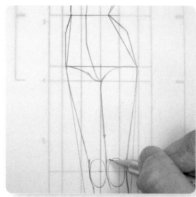

曲線之後幾乎都是直線。

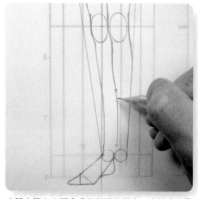

小腿在第 6.5 頭身處與引導線相交。內輪廓線最膨脹的地方，要比外輪廓線稍微低一點。

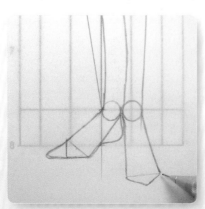

腳要畫成領帶頂端的形狀。腳趾部分用三角形表現，如果將腳畫的比較大的話，會體現出穩定感來。

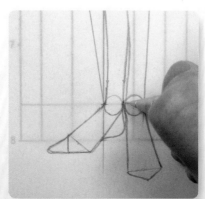

畫出後面的腿的小腿部分。腳腕附近的線條與小腿是幾乎平行的。

前面的手臂要靠攏身體

畫肩膀的圓形。

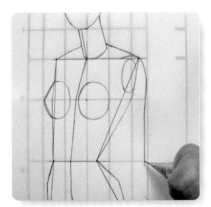

從第 2 頭身處開始變成直線。

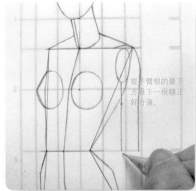

內側也是直線，注意要和朝向正面的時候寬度保持一致。

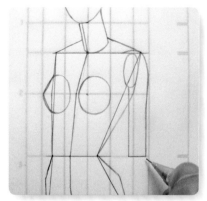

從手臂根的最下方畫下一根線正好合適。

在肘關節的位置閉合。要一邊把握關節的位置，一邊畫，這樣就不會失去平衡感了。雖然有一點麻煩，但是非常重要。

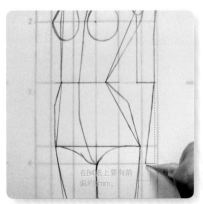

在B4紙上要向前偏約6mm。

前面的手臂從傾斜角度看的話，有一點向前偏。

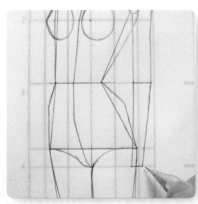

從手肘到手腕，畫出前臂來，讓它的前面稍微細一點。

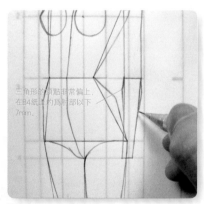

三角形的頂點非常偏上，在B4紙上約為肘部以下7mm。

給前臂加上一點飽滿感。

手背手指分開畫

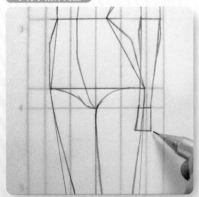

手的大小和臉部差不多，而且手背手指分開畫。手背是四邊形，大小比 1/2 頭身要稍微小一點。

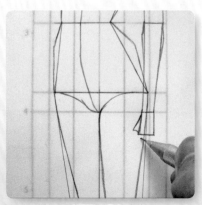

拇指要感覺好像是從手腕中生出來的一樣。

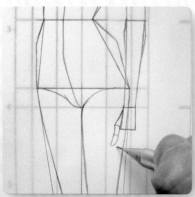

畫出手指。關節也要畫出來，一共三個。

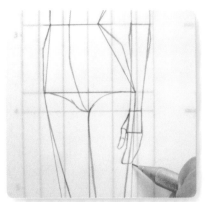

手指的長度和手背相同或者稍長。如果稍微彎曲一點會顯得比較真實，而首先要畫出手套狀的四根手指的輪廓。

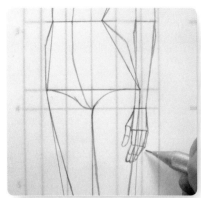

分開四根手指。中指最長。關節也要畫出來，一共三個。

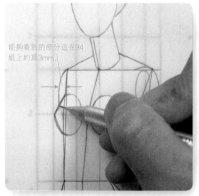

後面的手臂幾乎都被遮蓋住了。從肩膀的隆起開始畫起。

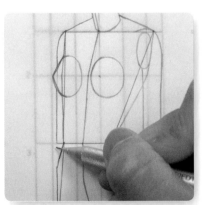

上臂要直線。

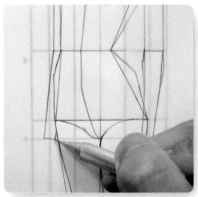

前臂要稍微向前。

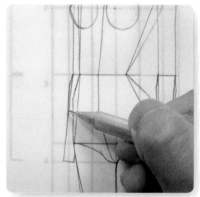

前臂也要畫出飽滿感。

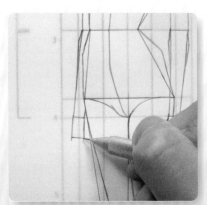

後面的手背比起前面的手背要稍微小一點，在B4紙上的話要小1mm，這樣可以表現出遠近感來。

60

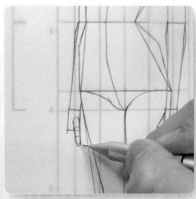

大拇指要畫在手背上。

61

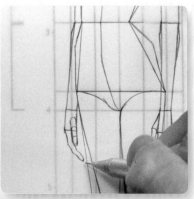

其他手指。

62

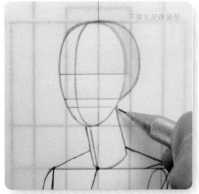

中指和無名指如果畫出來的話，可以表現出遠近感。

斜向的臉部的畫法詳見 P72

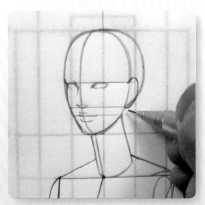

不要忘記後頭部。

注意臉部各部位的平衡，詳細內容見 P76 ~ P98。

畫出眼睛、嘴、鼻子。 ⑥⑤

完成整體

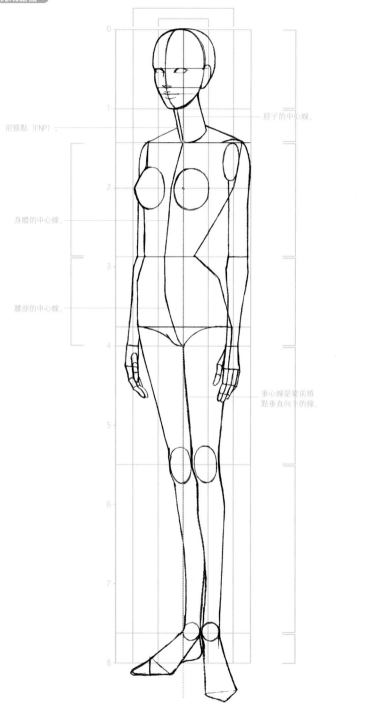

0

前頸點（FNP） 脖子的中心線。

1

身體的中心線。

2

腰部的中心線。

3

4

重心線是從前頸點垂直向下的線。

5

6

7

8

擦掉臉部以及身體、大腿的引導線。 ⑥⑥

進行清理

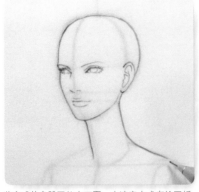

將完成的身體圖墊在下面，在速寫本或者繪圖板上畫出裸體人像來。將脖子或者腰部等線條比較堅硬的關節部分順暢地連接起來，表現出人體的柔潤感。

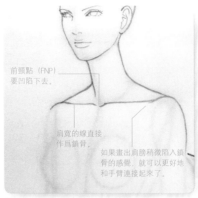

前頸點（FNP）要凹陷下去。

肩寬的線直接作為鎖骨

如果畫出肩膀稍微陷入鎖骨的感覺，就可以更好地和手臂連接起來了。

繪製不同部位的區分線可以體現起伏感。

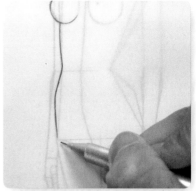

將身體和腰部順滑地連接起來，將腰部的凹陷部分畫得更漂亮。

後面的腿的彎曲度是重點。

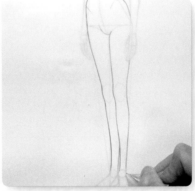

正面朝向的腿的小腿的形狀非常重要。如果朝著腳腕均勻地變細的話，看上去非常好看。

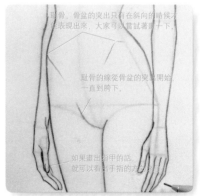

恥骨，骨盆的突出只有在斜向的時候才能表現出來，大家可以嘗試畫一下。

恥骨的線從骨盆的突起開始，一直到胯下。

如果畫出指甲的話，就可以看到手指的方向。

畫手。

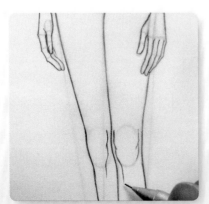

畫出膝蓋的皺褶。73

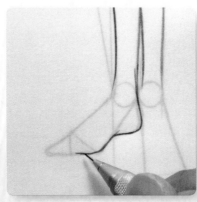

畫出腳跟和腳底的凹陷。74

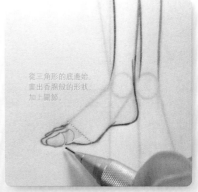

從三角形的底邊開始，畫出香腸般的形狀，加上關節。

橫向的腳趾幾乎只能看到拇指。75

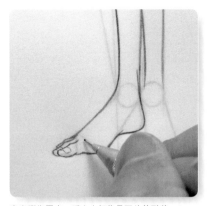

畫出腳指甲來，看上去好像是瓦片的形狀。

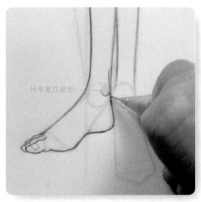

在腳腕上畫出腳踝來。

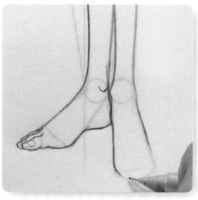

朝向正面的腳畫法和之前一樣，從輪廓開始畫。

畫出腳指。

畫出如同瓦片一樣的腳指甲，清理之後，完畢。

將身體看成是圓柱的集合，添加上簡單的陰影

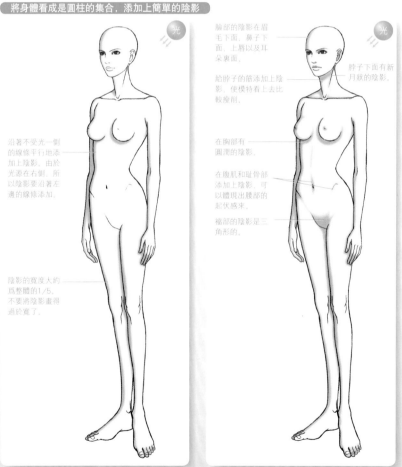

沿著不受光一側的線條平行地添加上陰影，由於光源在右側，所以陰影要沿著左邊的線條添加。

陰影的寬度大約為整體的1/5，不要將陰影畫得過於寬了。

臉部的陰影在眉毛下面，鼻子下面，上唇以及耳朵裏面。

給脖子的筋添加上陰影，使模特看上去比較瘦削。

脖子下面有新月狀的陰影。

在胸部有圓潤的陰影。

在腹肌和恥骨部添加上陰影，可以體現出腰部的起伏感來。

褶部的陰影是三角形的。

為了添加陰影，要先設定光源。在本書中，光源統一設定為讀者的右方。和此前一樣，要將身體的各部位看成是圓柱，給一個一個的圓柱添加上陰影。

給無法看成是圓柱形的凹凸部分也添加上陰影。

斜向直立姿勢（叉腿）的畫法

在我們掌握了斜向的人體的比例之後，就要開始以關節為支點活動一下手腳了。活動的部位經常會變小或變短，因此我們在畫的時候，要把剛才畫過的斜向的人體放在一旁進行比較。這次，讓畫一個叉腿的姿勢。

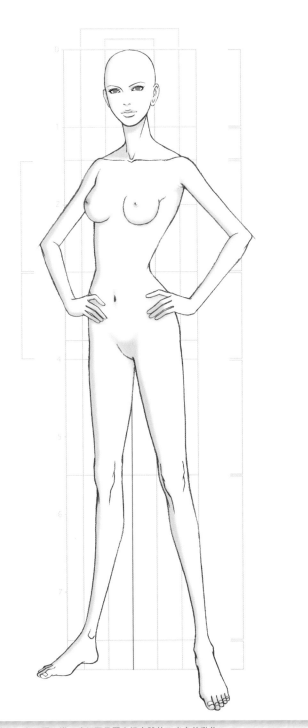

斜向直立叉腿姿勢，和正面同樣，我們要學習支撐身體的下半身的動作。

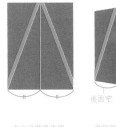

直立叉腿動作從中心到兩邊的步幅是相等的。

從傾斜角度看來，由於遠近感的線故，左右的步幅看上去不一樣。

叉腿的遠近感。可以將打開的雙腿看成一個倒著的 V 字形來考慮。

上半身不要動

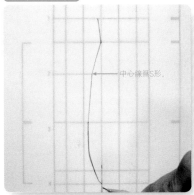

中心線為S形。

將附錄的身體框架圖墊在下面畫，也可以用在 Phase02 中自己畫的框架圖。脖子、身體、腰部等要用 P37 ~ P39 中同樣的順序畫。大家可以把這當成複習，試著畫一下。

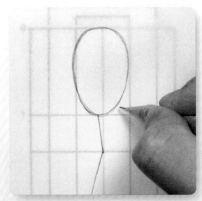

在脖子的中心線上畫出臉部。不要忘記，它的長度是 2/3 頭身。

將頭部稍微調整到接近正面的朝向。當然，後腦勺是幾乎看不見的。

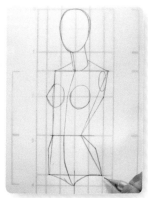

上半身完成。

注意即使是叉腿，腿的形狀也是不變的

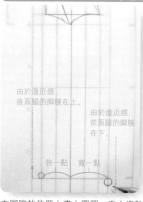

由於遠近感，後面腿的腳腕在上。

由於遠近感，前面腿的腳腕在下。

狹一點　寬一點

在腳腕的位置上畫上圓圈。直立姿勢雖然是「從重心線到兩邊的步幅是一樣的」，但是由於遠近感的緣故，近處的腿的步幅比較大。

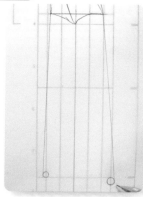

用一條直線聯結大腿關節，嚴格地說是大腿根部，到腳腕。

後面的腿是 S 形的

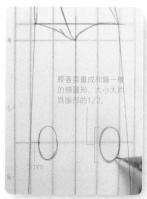

膝蓋要畫成和臉一樣的橢圓形，大小大約為臉部的1/2。

5mm

膝蓋要畫得比直線稍微靠內一些，在B4 紙上靠內為 5mm。

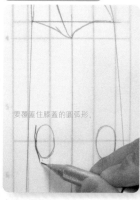

要蓋蓋住膝蓋的圓弧形。

由於後面的腳尖是朝橫向的，所以是S 形。

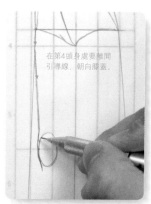

在第4頭身處要離開引導線，朝向膝蓋。

連接大腿關節以及膝蓋的線。

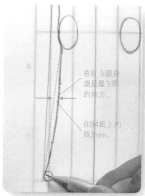

在6.5頭身處是最下陷的地方。

在B4紙上約為3mm。

後面的小腿是朝後方彎曲的。

橫向的腳上有腳跟和腳尖

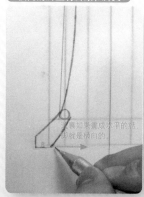

這裡如果畫成水平的話，腳就是橫向的。

要將腳的主要部分畫成和領帶的頂端那樣。

11

腳跟的三角形的底邊等於腳的1/2。

腳跟和腳尖的邊幾乎是平行的。

畫出腳跟。

12

從腳掌到腳趾有一些彎折。

畫出腳尖。

13

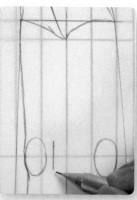

膝蓋的內側從橫向是筆直的。

14

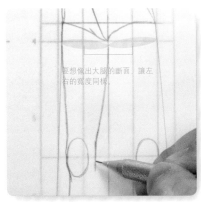

在畫大腿內側線的時候，要一邊畫一邊調整，使得後方和前方的腿的寬度保持一致。

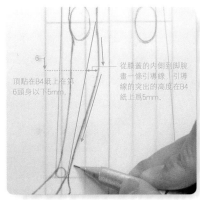

畫出小腿肚來。

前面的腿是 V 字形的

前面的腿，由於腳尖是朝向正面的，因此是 V 字形的，而且形成了一個 "3" 字的形狀。要以引導線為基準，按照膝蓋—大腿—小腿的順序畫外輪廓線。

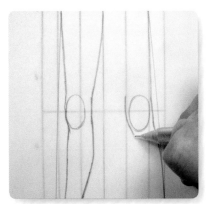

畫出膝蓋的內輪廓線。

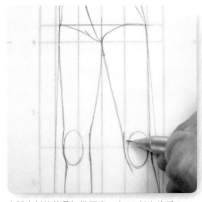

大腿內側線的最初幾釐米，在 B4 紙上約為 1cm，要畫出圓潤感來，因此大腿出口的延長線要畫成曲線。

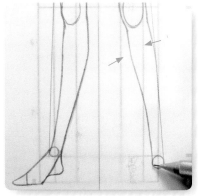

內輪廓線最膨脹的位置比外輪廓線要低一些。

試著打開手臂

腳的形狀像領帶的頂端一樣。腳趾部分要用三角形來表現，如果腳的部分畫得大一些的話，可以給人以穩定感。

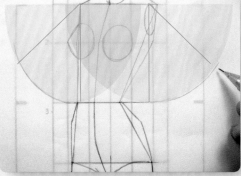

畫一個連接手腕軌跡的圓弧。從正面看是一個圓周運動，但是從傾斜角度看的話則成為豎長的橢圓運動。

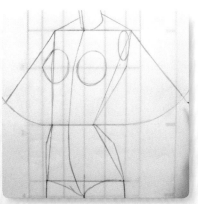

畫出上臂的輪廓線來，標準是 30°到 45°之間。

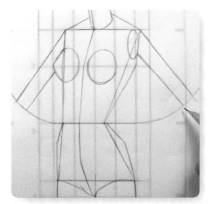

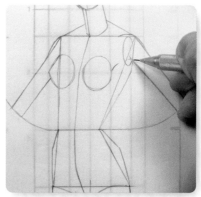

畫出手臂的內輪廓線，注意要和下垂時的寬度一樣。

畫出肩膀的肌肉。要畫出圓潤感來，使其在鎖骨處下陷，覆蓋住肩關節。

打開手臂時，就能看到腋下了。畫出這條線，手臂和身體就能順暢地連接起來了。

試著讓手叉在腰上，先跳過前臂將手畫出來

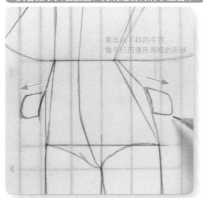

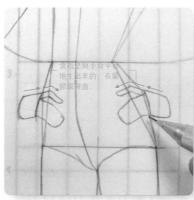

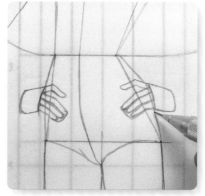

由於遠近感的原因，前臂的長度非常易變化。所以，如果先將手畫出來，就很容易保持平衡了。要畫出手叉在腰上的形象。

畫出手指來。由於從中指到小指一般都是一起活動的，所以可以一起畫。

分出三根手指，從中指到小指順次變小。

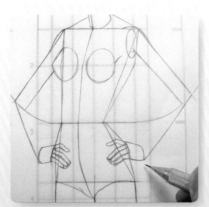

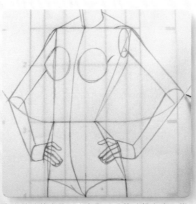

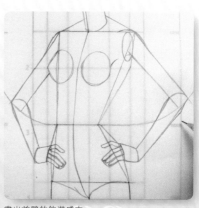

將肘部和手腕連接起來。

畫出前臂的內線，注意和下垂的時候寬度一樣。越接近手腕就越細。

畫出前臂的飽滿感來。

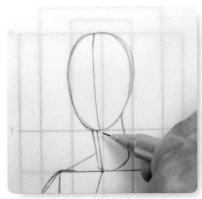

添上臉部的中心線。由於臉部是稍微前傾的,因此中心線也要稍微畫成曲線才行。

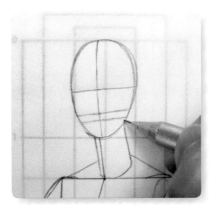

畫出引導線,詳細參見 P76～P98。

畫出各部位。35

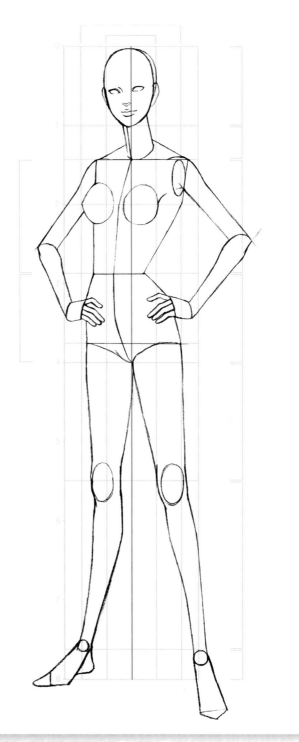

將不要的線條擦去,完成整體,其中腿的遠近感是重點。36

畫裸體像的時候，要將線順暢地連接起來

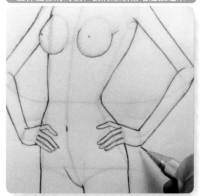

將草稿墊在下面進行線條清理。要將身體的線順暢地連接起來，將身體那種薄薄的、柔軟的皮膚感覺表現出來。

試著添加上陰影

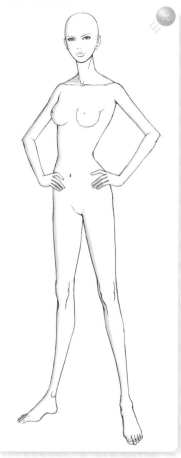

光

光源設定在右上角。對於臉部、身體、手臂、腿等部位要沿著影子一側的輪廓線添加上陰影。

光

注意臉部、胸部等的立體感，添加上陰影，完成作品。

★ Phase06 的複習 ★

○ 斜向身體的中心線是S形。

○ 後方的腿是S形，與中心線是相交錯的。

○ 如果要畫出臉部的遠近感，就要畫出後腦勺來。

○ 從傾斜角度看的話，手臂是擋在身體之後的。

○ 注意遠近感引起的大小變化。遠處的東西小，近處的東西大。

○ 要多練習，讓自己無論畫多少都可以保持同樣的平衡感。

---

next !! 讓我們一起來挑戰斜向的模特兒站姿！

斜向的模特兒站姿的畫法

單腿重心姿勢（支撐腿是右腿）

斜向的模特兒站姿（單腿重心姿勢）可以利用斜向身體的直立姿勢進行描繪。順序與正面朝向的人體是完全一樣的。但是，斜向的模特兒站姿的支撐腿後腿視其是右腿還是左腿而不同。

Phase05 中已經講過，
單腿重心的姿勢的特征有以下兩點：
· 軸心腿的腳腕在重心線（從前頸點垂直下落的線條）的附近。
· 腰部以腰點為中心旋轉。腰圍線是一根斜線，在軸心腿一側比較高。

如果表現出這兩個特徵來，就可以畫出典型的單腿重心姿勢了。

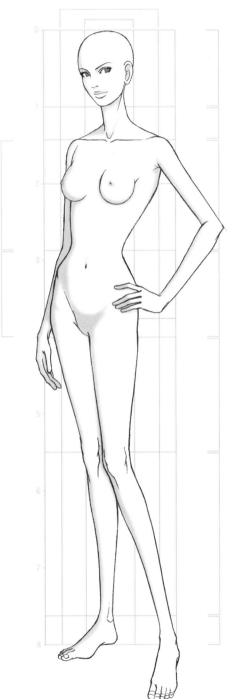

斜向的單腿重心姿勢（支撐是右腿）。

上半身與之前的方法一樣

單腿重心姿勢由於是下半身的動作，因此臉部、頸部、身體的畫法和之前學過的一樣。

重點 point

傾斜的腰部不要畫歪

在腰點上畫上標記，要以這裏為支點，轉動腰部。

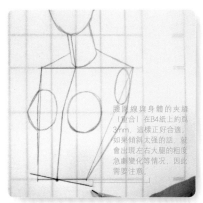

畫出從腰點開始傾斜的腰圍線。腰圍線向上揚的一側是支撐腿,因此右腿(讀者的左邊)是支撐腿。

重點 point

可以轉動畫紙,讓傾斜的腰圍線變成水平狀。這樣比較好畫,而且不會將水平、直角、左右對稱等畫歪了。

腰圍線與中心線成一個T字形。

中心線要畫到胯部的位置,應該是第4頭身處。中心線既不能太長也不能太短,注意要畫成和直立時差不多的長短。為了達到這個目的,要好好看看框架圖。

畫出腰部的中心線,使其與腰圍線成直角。

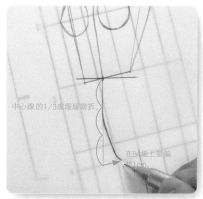

中心線的1/3處緩緩彎折。

在B4紙上要偏一點1cm。

腰部的中心線是一個J字形。最開始與腰圍線成直角垂直向下,中途發生緩緩的彎折。

平行。

臀圍線與腰圍線是平行的。

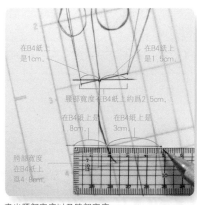

在B4紙上是1cm。　在B4紙上是1.5cm。

腰部寬度在B4紙上約為2.5cm。

在B4紙上是8cm。　在B4紙上是3cm。

胯部寬度在B4紙上為4.8cm。

畫出腰部寬度以及胯部寬度。

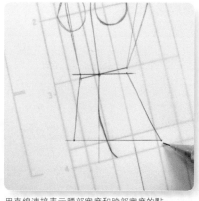

用直線連接表示腰部寬度和胯部寬度的點。

畫出襠部的膨脹感。

09

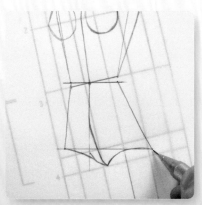

畫出大腿根。

10

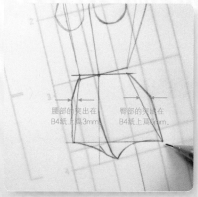

腰部的突出在B4紙上隔3mm。　臀部的突出在B4紙上為6mm。

添加上腰部與臀部的飽滿感。

11

支撐腿由於支撐體重，要用力畫

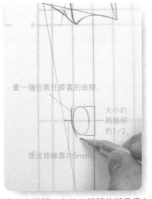

畫一個包圍住膝蓋的曲線。

大小約為臉部的1/2。

從這條線靠內5mm

由於「支撐腿的腳腕在重心線（從FNP垂直下落的線條）的附近」，因此支撐腿一側的腳腕要設定在重心線附近，畫上圓圈。

用直線從大腿關節，嚴格地說是大腿根部，到腳腕的邊緣相連。由於模特的腿非常細，因此在畫的時候注意不要越過這條線。

畫出支撐腿。由於支撐腿的腳是橫向的，因此支撐腿會呈現S形。將膝蓋畫在比直線靠內的位置（在B4紙上為5mm），然後再畫出膝蓋的外輪廓線。

畫出大腿，小腿的外輪廓線。小腿的彎曲程度是重點，詳細內容參考P48。

游離腿要大腿小腿分開畫

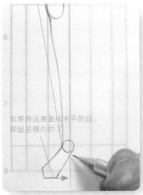

如果將這裏畫成水平的話，腳就是橫向的了。

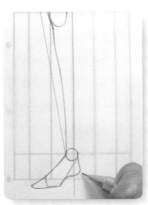

這三條線基本平行。

畫出腳的主體，要畫成領帶頂端的形狀。

畫出腳後跟和腳尖。

在支撐腿的膝蓋和腳腕中心處畫上點。

為了讓腿的長度一樣，要讓連接左右膝蓋，腳腕的線和腰圍線平行。

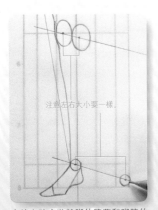

注意左右大小要一樣。

將膝蓋完成。由於游離腿的膝蓋是朝向正面的，因此外輪廓線是直線。

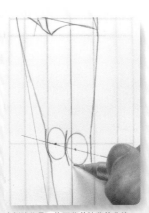

在線上確定游離腳的膝蓋和腳腕的位置。如果讓腳腕稍微偏離重心線的話看上去比較真實。

沒有支撐體重的腿由於可以自由活動，因此要和手臂一樣要一個一個部位地畫，也就是說大腿和小腿要分開畫。

畫出大腿。外輪廓線要用直線將大腿關節到膝蓋一氣呵成地連接起來。

內側膝蓋是一條覆蓋着膝蓋的曲線。

内側大腿輪廓線在最初的幾厘米（B4 紙上爲 1cm 處）要畫出圓潤感來，因此要將大腿的根部的延長線畫成曲線。

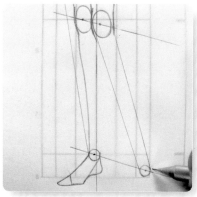

用直線將膝蓋到腳腕連接起來。

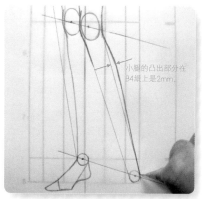

小腿的凸出部分在 B4 紙上是 2mm。

小腿的外輪廓線是緩和地突起的。

小腿的內側是緩和的 S 形。最初比較膨脹，在上方 1/3 處有凹陷的感覺。

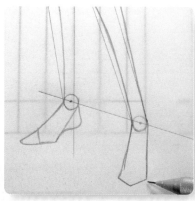

游離腿由於在支撐腿前面，因此由於遠近感可以將腳畫得大一些。

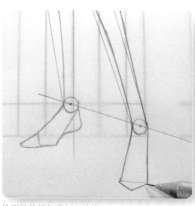

給腳趾的根部添加上線條。

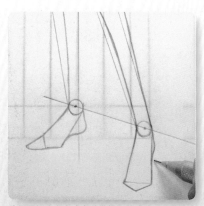

我們要把這裏畫成有稍微橫向的感覺，因此要將腳後跟畫出一點。

30

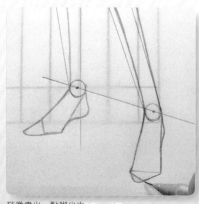

稍微畫出一點腳尖來。

31

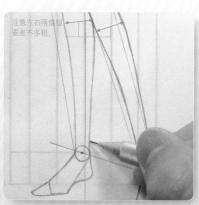

注意左右兩條腿要差不多粗

畫出小腿肚，越靠近腳腕就越細。

32

先畫手叉腰上，前臂可以最後畫

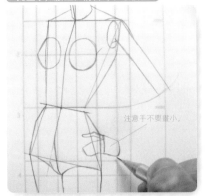

手要叉在腰上。

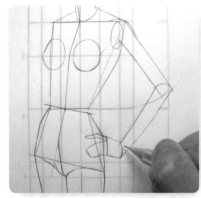

畫出前臂。

分開手指。

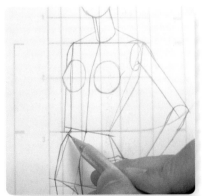

後面的手是下垂的。

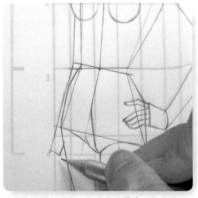

前臂要稍微向前彎。如果彎曲程度比較小的話，也可以以上臂—前臂—手的順序來畫。

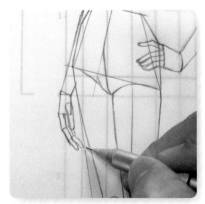

畫出手指，注意不要畫小。

畫出臉部的中心線。由於是傾斜的，因此畫成曲線。

39

畫出表示出臉部平衡的引導線。詳細參 P76～P98。

40

按照引導線，畫出臉部的各個部位。

41

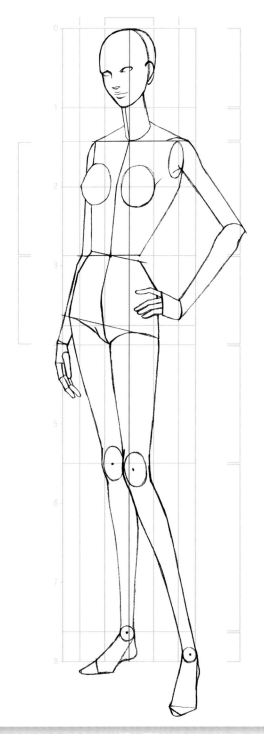

將不要的線條擦去，完成整體。

42

注意各個部位要用一條線完成。一定要流暢地連接起來，各條線不要間斷。

腿部一定要從支撐腿開始畫，在只剩下游離腿時，確定有沒有穩定感。

注意左右手的大小要一樣。

45

陰影

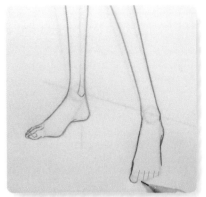

根據拇指的朝向，確定剩下四根腳指的大小和朝向。

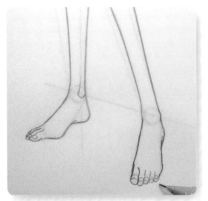

腳指是表示腳的朝向的重要因素，因此要好好畫。

光

清理完畢。光源設定為右上方，一個一個部位地添加上陰影。要沿著陰影一側的輪廓線添加。

光

注意臉部、胸部等的立體感，添加上陰影，完成作品。

這次我們來學習支撐腿是左腿的單腿重心姿勢。

游離腿的遠近感

支撐腿是左腿的情況下，左右腳的腳腕的位置關系由於遠近感的問題，要以一種不同的方法來解決。

在此之前，連接左右膝蓋以及腳腕的線一直都是與腰圍線平行的，這是因爲游離腿是向前跨出一步的。如果向前跨出一步的話，由於遠近感的原因，它比後面的腿要靠下一些（圖1）。

然而，如果支撐腿是左腿的話，游離腿並不是向前跨出一步，而是看起來像是向水平方向伸了出去（圖2）。也就是説，左右腳的腳腕在一條水平線上了。

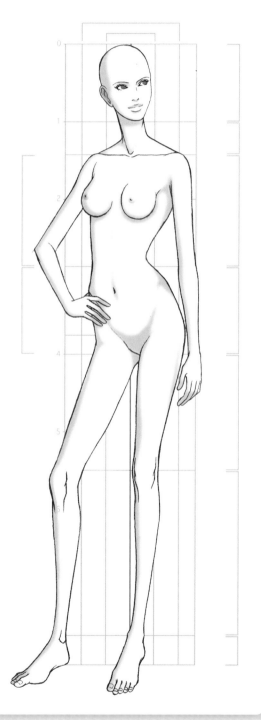

斜向單腿重心姿勢（支撐腿是左腿）。

連接左右腳踝的線條與腰圍線是幾乎平行的。

游離腿由於比支撐腿向前邁出了一步，因此看起來比支撐腿要靠下。

圖1

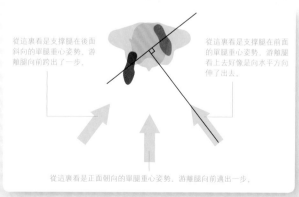

從這裏看是支撐腿在後面斜向的單腿重心姿勢，游離腿向前跨出了一步。

從這裏看是支撐腿在前面的單腿重心姿勢，游離腿看上去好像是向水平方向伸了出去。

從這裏看是正面朝向的單腿重心姿勢，游離腿向前邁出一步。

圖2

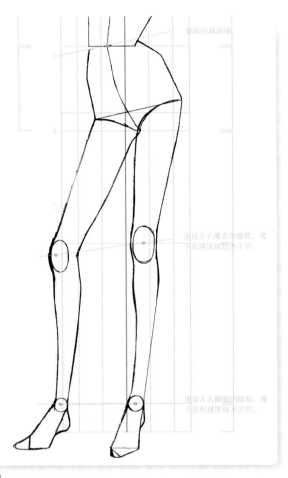

圖3

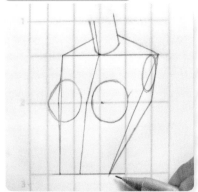

上半身的畫法和之前一樣

單腿重心姿勢由於是下半身的動作，因此臉部、頸部、身體的畫法和之前是一樣的。

畫出回頭的臉，是橢圓形的。

脖子並不是向臉部的方向傾斜，而是向身體的方向傾斜。

耳側的臉的輪廓要與脖子順暢地連接起來。
臉部比以做偏轉的程度要大。

重點 point

傾斜的腰部不能畫歪

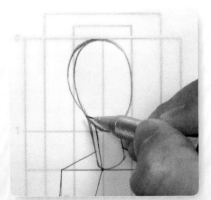

畫出後腦勺，是在橢圓形上方2/3處添加上一個新月形。 03

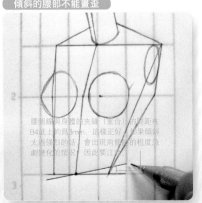

在腰圍線上做標記，然後從那裏開始畫傾斜的腰圍線。腰圍線向上揚的一側是支撐腿，因此左腿是支撐腿。 04

畫出腰部的中心線，使其與腰圍線成直角。 05

61

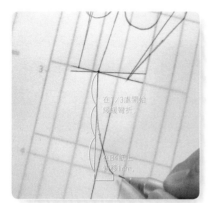

腰部的中心線是一個 "J" 字形。首先與腰圍線成直角，垂直向下，然後緩緩彎折。

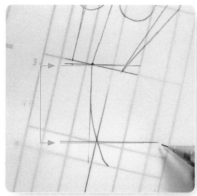

臀圍線與腰圍線是平行的。

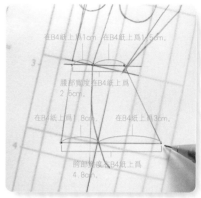

畫上腰部寬度和胯部寬度，用直線連接起來。

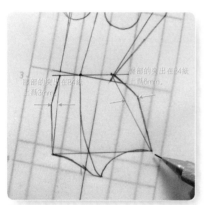

按照襠部的隆起—大腿根—恥骨的突出的順序畫。

支撐腿由於支撐體重，要用力畫

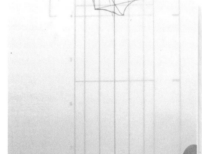

由於支撐腿的腳腕在重心線（從 FNP 垂直下落的線條）的附近，因此支撐腿一側的腳腕要設定在重心線附近，畫上圓圈。

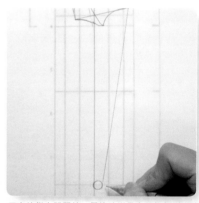

用直線從大腿關節，嚴格地說是大腿根部到腳腕的邊緣相連。由於模特兒的腿非常細，因此在畫的時候注意不要越過這條線。

畫出支撐腿。由於支撐腿是朝向正面，因此要畫成 V 字形的腿。腿的線條呈現出一個 "3" 字形。膝蓋要畫在比直線稍微偏內的一側（在 B4 紙上為 5mm），然後按照膝蓋的外輪廓線—大腿—小腿的順序畫出外輪廓線。

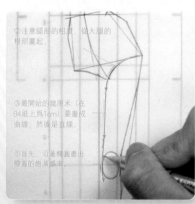

畫出大腿的內輪廓線。

13

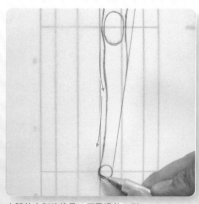

小腿的內側線條是一個平滑的 S 形。

14

游離脚要大腿小腿分開畫

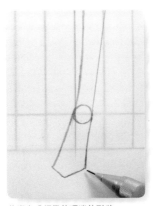

將脚畫成領帶的頂端的形狀。

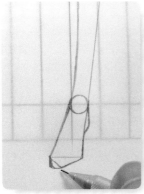

畫出脚後跟和脚尖。

以支撐腿的膝蓋、脚腕爲中心畫上標記，添加上引導線。這次因爲游離腿是橫向的，因此連接左右膝蓋的線條是比腰圍線要水平一些的斜線，連接左右脚腕的線條是水平的。

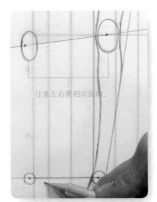

在引導線上確定游離腿的膝蓋、脚腕的位置。脚腕如果稍微離開重心線一點的話會看上去比較真實。

由於沒有支撐體重的腿可以自由地活動，因此游離腿要和手臂一樣，一個部位一個部位地畫，也就是說，要將大腿和小腿分開畫比較好。

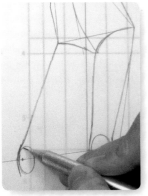

畫出大腿。幾乎是用直線一氣呵成的。

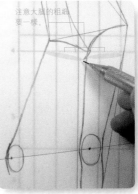

畫出臀部的圓潤感，調整大腿的粗細。

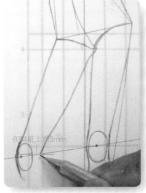

大腿內側在B4紙上要指向偏離膝蓋5mm左右的位置。

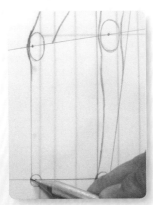

從膝蓋到脚腕畫一條直線。

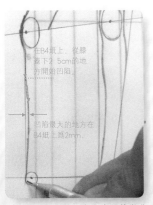

以直線爲引導線，畫出小腿的彎曲感來。

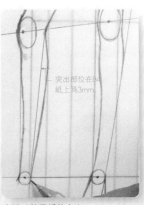

小腿肚的平緩的突出。

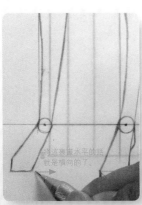

脚要畫成領帶頂端的形狀。

23 24 25 26

63

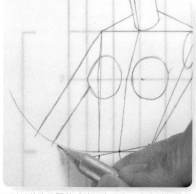

畫出腳跟和腳尖。

可以試著讓後面的手臂叉在腰上。畫出肘部的軌跡來，以外線、內線的順序畫手臂。

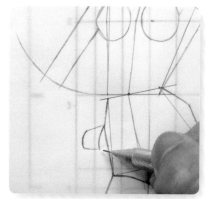

畫出手背。由於遠近感的緣故，要畫成平行四邊形。

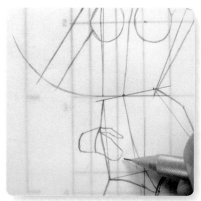

畫出手指。食指和其餘三根手指要分開畫。注意不要畫太小。

分開三根手指。

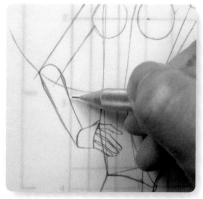

畫出前臂。越接近手腕就越細，並添加上飽滿感。

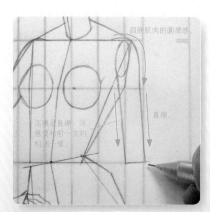

從胳膊的根部開始畫上臂。

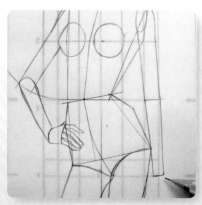

前臂的前端更細。

手背。

33

34

35

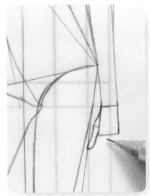

拇指好像是從手背中生出來的。

其他四根手指呈現手套的形狀。

回頭的臉

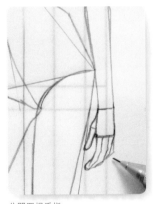

分開四根手指。

畫出臉部的中心線。

畫出表示臉部平衡感的引導線。

按照引導線畫出臉的各部位。

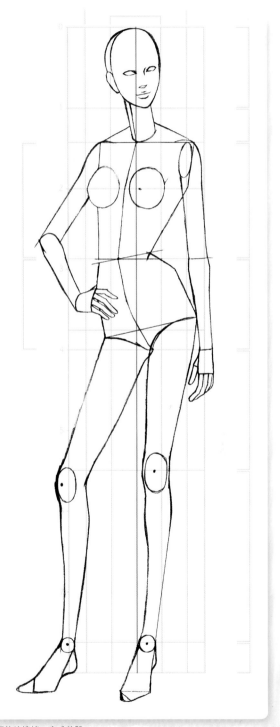

將不要的線擦掉，完成整體。

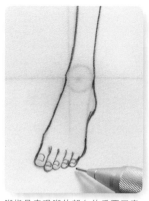

注意每個部位都要用一條線來畫,用平滑的線條連接,不要讓線斷斷續續。

腿一定要從支撐腿開始畫,只剩游離腿沒畫時,確定有沒有穩定感。

脚指是表現脚的朝向的重要因素,一定要畫好。

如果將手指畫好的話,整個姿勢會顯得很完美。

陰影

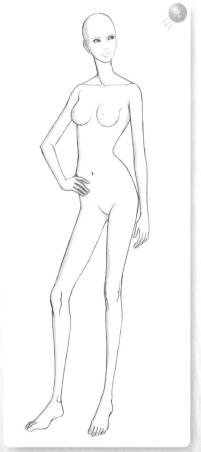
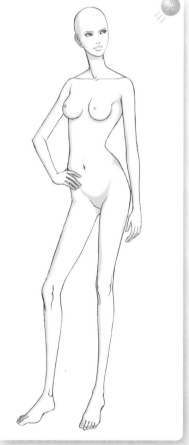

將光源設定在右上方,一個一個部位地,沿著陰影一側的輪廓線添加上陰影。

注意臉部、胸部等的立體感,添加上陰影,完成作品。

★ Phase07 的複習 ★

○ 這次最重要的是傾斜的腰部的畫法。爲了不讓活動的腰部被畫歪,要注意腰圍線、中心線、臀圍線的"直角"、"平行"、"長度"這三個關鍵點,反複練習。

○ 如果要活動各部位的話,很容易在畫的時候讓它們變小。這次腰部很有可能會畫小,因此要注意。

○ 注意左右腿的粗細不要相差太大。

○ 嘗試著讓手臂、臉部活動起來,做出各種各樣的姿勢。

○ 如果將游離腿的膝蓋放在從支撐腿的膝蓋引出來的傾斜的引導線上的話,就可以做出各種各樣的動作。可以讓它和手臂、臉一起活動,試著做出各種各樣的動作來。

next !!
下面讓上半身活動起來吧!

The 2nd week

學會畫身體的各部位和
服裝的項目圖

各種姿勢的畫法

上半身的動作

之前我們將上半身固定，學了下半身的動作的畫法。
實際上，上半身也是可以動的。
在這裏，我們學習通過活動上半身來擴展姿勢的範圍的方法。

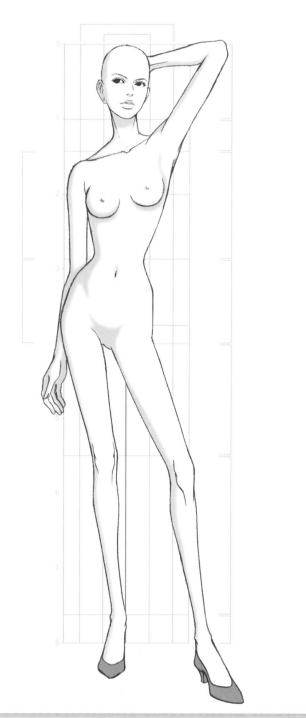

帶有上半身動作的正面單腿重心姿勢。

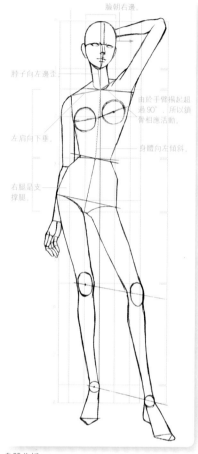

腕朝右邊。

脖子向左邊歪

左肩向下垂

由於手臂揚起超過90°，所以鎖骨相應活動。

身體向左仰斜。

右腿是支撐腿

身體分析。
這個姿勢的各個部位有著各種動作，因此在畫之前要確認到底是哪些部位有動作。

上半身的動作最重要的是確定中心線的變化

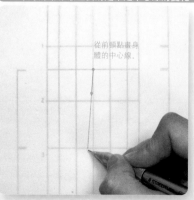

從前頸點畫身體的中心線。

考慮到站立姿勢是以重心線為基準畫的，因此如果以重心線的起點前頸點為中心構圖的話會比較容易畫。

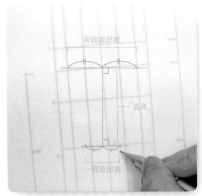

以中心線爲基準畫身體。由於身體是朝向正面的，所以左右的寬度要一樣。

用線將表示肩膀寬度和腰部寬度的點連接起來，添加上飽滿感。注意即使身體是傾斜的也不要失去平衡感。

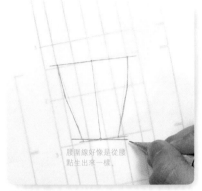

畫出腰圍線。

畫出腰部的中心線以及臀圍線。

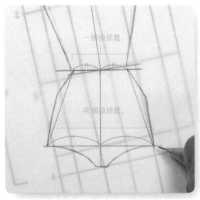

一邊注意左右對稱，一邊完成腰部的形態。

支撐腿　游離腿的畫法與之前一樣

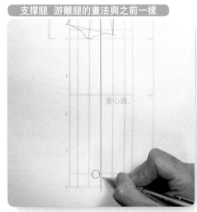

確定支撐腿的位置。支撐腿一定要在重心線附近。

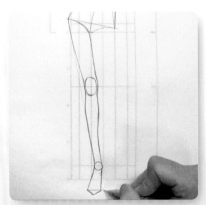

畫出支撐腿。

08

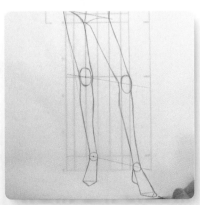

確定膝蓋、腳腕的位置，畫出游離腿。

09

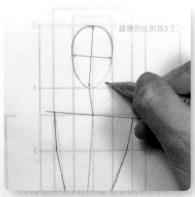

在脖子的中心線上方畫出臉部來。

10

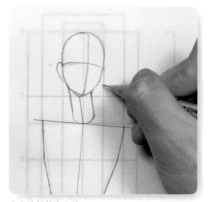

畫出臉部的中心線。

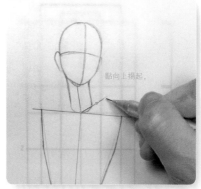

點向上揚起。

結合手臂上揚的程度，畫出鎖骨。

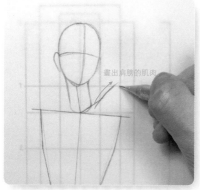

畫出肩膀的肌肉

畫出肩膀的肌肉。

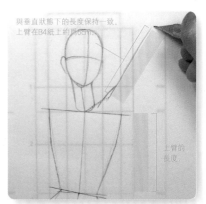

與垂直狀態下的長度保持一致，
上臂在B4紙上約高6㎝。

上臂的
長度

畫出上臂。注意長度和未上揚時的要保持一致。

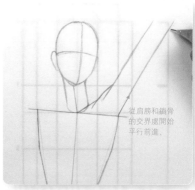

從肩膀和鎖骨
的交界處開始
平行前進。

完成上臂。

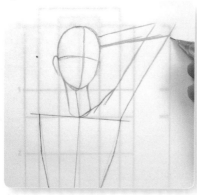

畫出前臂。注意前端要變細。

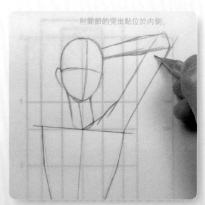

肘關節的突出點位於內側。

畫出手腕的飽滿感。

17

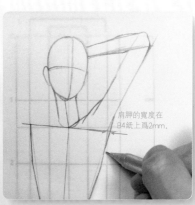

肩胛的寬度在
B4紙上為2mm。

畫出手腕的飽滿感。

18

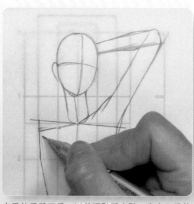

右手的手臂下垂，以前頸點為支點，畫出下垂的
鎖骨。

19

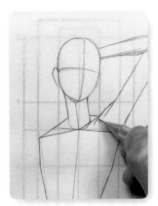

畫出左右的肩線。

由於該手臂是下垂的，
所以手臂的位置也相應下垂。

畫出手臂。

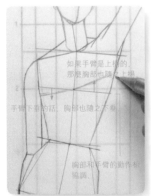

如果手臂是上揚的，
那麼胸部也隨之上揚。

手臂下垂的話，胸部也隨之下垂。

胸部和手臂的動作相協調。

胸部會隨著手臂的運動而上下活動。

根據新的基準線畫出胸部，注意左右的大小要一致。

畫出臉部。詳細參見 P76 ～ P98。

24

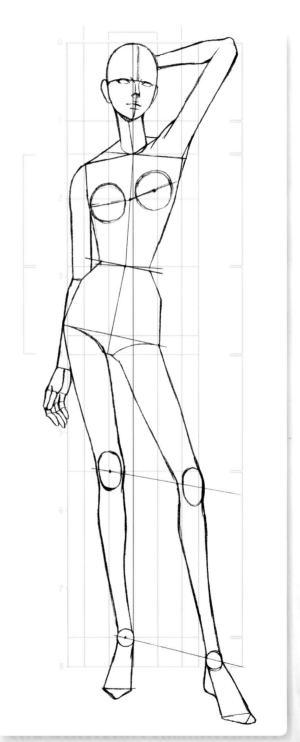

完成整體。進行清理並添加上陰影。

25

背影

在各種服裝中，有很多服裝在背部或者跨部都有設計。
讓我們開始學習身體背影的畫法吧。

正面和背面的輪廓幾乎相同

這次我們使用斜向模特兒站姿（支撐腿是左腿）的身體。由於身體無論從前面看還是從後面看，輪廓幾乎都是一樣的，所以可以直接謄寫過來。

背面的中心線要和正面的中心線相呼應

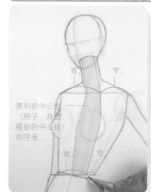

畫出後頸部、背部、臀部的中心線。

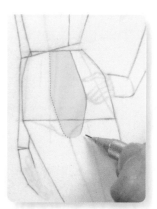

與腰部的中心線相呼應，畫出臀部的中心線。

當超過臀圍線時，可以體現出跨部的圓潤感來。

下半身最重要的是富有變化的腿的畫法

確定膝蓋的厚度。 05

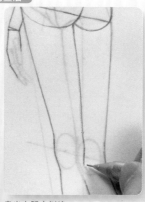

畫出大腿內側線。 06

身體的背影。

72

畫出小腿肚。

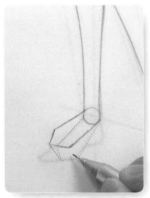

腳部從正面看和從背面看是有變化的。首先畫出腳背，稍微有些向上。

畫出腳跟和腳尖來。由於遠近感的緣故，這兩部分要朝向斜上方。

與支撐腿相比，游離腿要顯得靠上，而且更小。

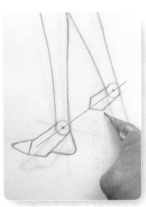

畫出游離腿。

畫出腳跟和腳尖來。

從正面看實際位於後面的手臂在畫面中處於前面。

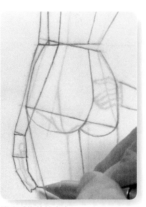

畫出手指的輪廓來。

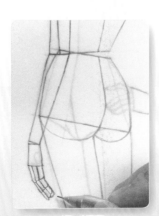

從背面看，小指位於畫面的前面，拇指則被遮蓋住了。

從正面看位於前面的手臂在畫面中變成了在後面。

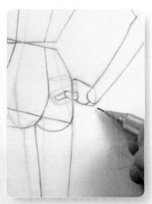

而其中的拇指則變成在前面了。

畫出耳朵，讓它與脖子的延長線相接。

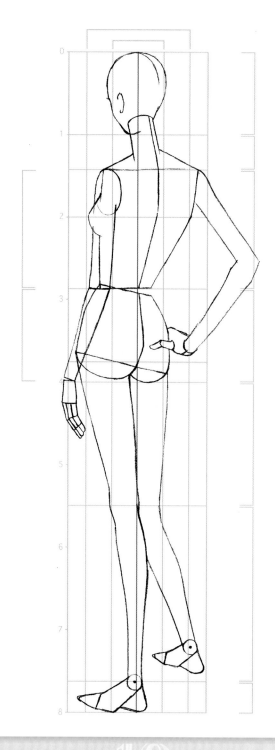

完成整體。

19

將完成的身體圖墊在下面，在速寫本或者繪圖板
上畫裸體像。將脖子或者腰部等棱角比較分明的
關節部分順暢地連接起來，畫出身體的柔軟感。

臀部的圓潤感覺是很重要的。

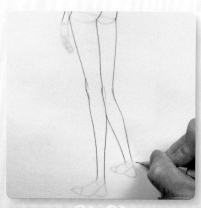

由於游離腿在畫面中是在後面，所以畫得要比支
撐腿稍微細一點。*22*

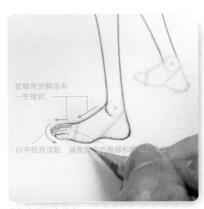

從脚背到脚指有
一些彎折。

以中指爲頂點，調整脚指的根部和腹隆的位置。

脚部也要認真地畫。

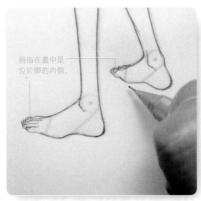

拇指在畫中是
位於脚的内側。

畫出脚指甲可以表現出立體感。

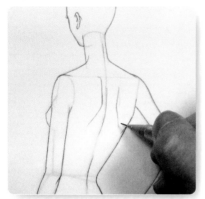

要仔細地畫肩胛骨，它可以表達出一種背後角度
特有的姿態來。

陰影

進行清理。將光源設定在右上角，一個一個部位
地沿著陰影一側的輪廓線添加上陰影。

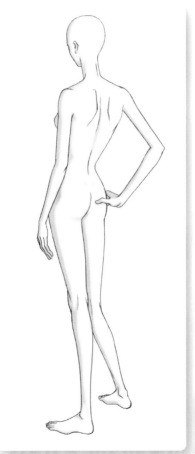

注意臉部、胸部等的立體感，添加上陰影，完成
作品。

★ Phase08 的複習 ★
○ 上半身的動作的畫法最重要的
   是要把握好中心線。一定要預
   測好中心線的變化。
○ 手臂是獨立可動的。可以以此
   爲支點，活動鎖骨。
○ 胸部隨著鎖骨的上下運動而變
   化角度。
○ 正面和背面的整體輪廓是一樣
   的，只是要注意脚的朝向問題。

next !!   學習畫臉部！

臉部的畫法

由臉部的朝向而引起的畫法的變化 由於臉有很多部位,所以我們要記住各自的位置關係。

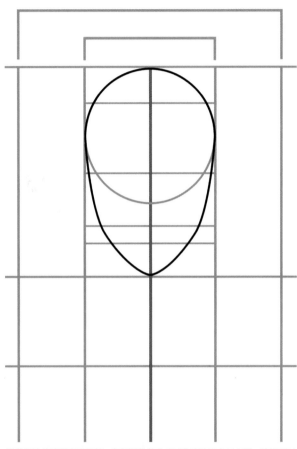

臉部畫法的練習要用框架。每個部位的位置已準確地畫在了上面。我們可以將它複製下來,並將它墊在畫紙下面。臉部都要畫成 6cm 左右的大小,但是練習時可以畫得稍微大一點。

正面臉的畫法

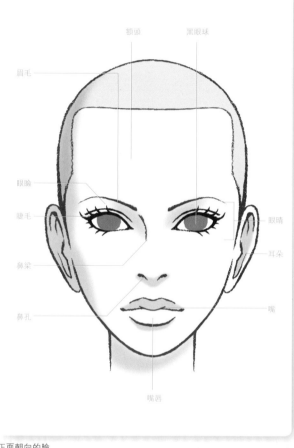

額頭 黑眼球
眉毛
眼瞼
睫毛 眼睛
耳朵
鼻梁
嘴
鼻孔
嘴唇

正面朝向的臉。

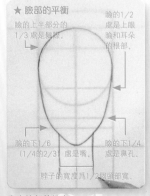

★ 臉部的平衡

臉的上半部分的 1/3 處是髮際。

臉的 1/2 處是上眼瞼和耳朵的根部。

臉的下 1/6 (1/4的2/3) 處是嘴。

臉的下 1/4 處是鼻孔。

脖子的寬度為1/2個頭部寬。

畫出臉部的輪廓 **01**

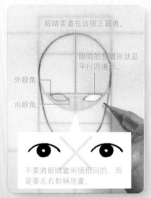

眼睛要畫在這個正圓裏。

眼睛的整體形狀是平行四邊形。

外眼角
內眼角

不要將眼睛畫兩個相同的,而是要左右對稱地畫。

畫出眼瞼。注意上眼瞼要處在引導線上。眼睛是左右對稱的,可以從畫不好的一方(拿畫筆的手的相反一方)畫,這樣比較容易畫一致。

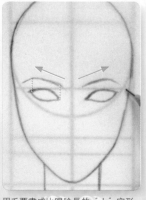

眉毛要畫成比眼瞼長的「人」字形。 **03**

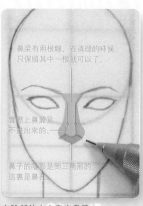

鼻梁有兩根線,在清理的時候,只保留其中一根就可以了。

沿線上鼻翼是不畫出來的。

鼻子的陰影是倒三角形的,這裏是鼻孔。

在臉部的中央畫出鼻子 **04**

嘴巴要畫得比眼睛稍微大一些。

嘴唇的厚度可以隨個人喜好而定。
畫嘴唇就好像畫一片樹葉一樣。

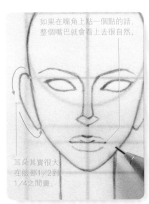

如果在嘴角上點一個點的話，
整個嘴巴就會看上去很自然。

耳朵其實很大，
在臉部1/2到
1/4之間畫。

在上唇畫出凹陷。畫出耳朵。

如果這種必須的線條的話，給人的感
覺會很頹廢，因此要注意。

畫出髮際，太陽穴，鬢角。

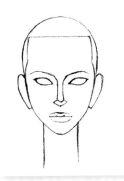

完成臉部的平衡。

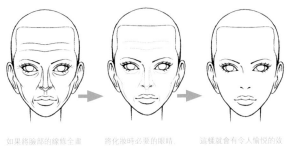

如果將臉部的線條全畫
出來的話，整體會看上
去很老。

將化妝時必需的眼睛，
鼻梁，嘴以外的線條都
擦去。

這樣就會有令人愉悅的效
果了。鼻孔在表現鼻子的
長度和立體感時很重要。

畫臉的時候，只畫在化妝時必需的線條就可以了，也就是説，只畫眼睛、鼻
梁、嘴就可以了。皺紋、黑眼圈、鼻翼等"不化妝的地方"或者是"要用化
妝掩蓋的地方"就不要畫出來了。

★ 清理

如果使用右手的話，
可以從左邊的眼睛開始畫。

畫出眼瞼，讓它成為雙眼皮。因
為拿畫筆的手畫得比較好，所以
要從相反一側開始畫，這樣形狀
比較容易一致。

畫睫毛。在化妝的時候，睫毛是用睫
毛膏來使它上翹的，所以從這裏也可
以看出，它本來是向下的，因此讓它
先朝下，然後中途挑上去就可以了。

如果把黑眼球畫
成滿月一般圓的
話，就會變成不
安定的驚訝的眼
睛了。

眼球上半部分被掩蓋在眼瞼後面，成
了半月形，如果將黑眼球畫得小
一點，會顯得非常有魅力。

黑眼球是半月形的。 13

由於鼻子是有厚度的，因此鼻梁
要畫兩根線，在清理的時候保留
左右兩根中的一根就可以了。

鼻孔是逆八字形的。 14

畫出嘴。嘴角和中央的凹陷是該處畫
法的重點。 15

畫出嘴唇的厚度。

連接臉部的輪廓。

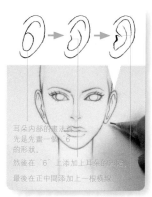

耳朵的内部要一步一步地畫。

★ 臉部的陰影

圓杆的陰影。　眼睛凹陷處的陰影。

耳朵的陰影。

脖子上有下巴的陰影。　上唇上的陰影。

下唇的陰影。

鼻子下面有倒三角形的陰影。

臉上很容易形成各種各樣的陰影，因此要清晰明白地添加上陰影。

正面朝上的臉的畫法

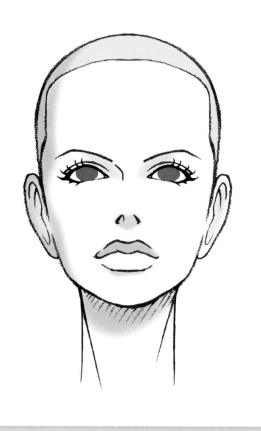

如果臉部朝上的話，眼睛的位置將會位於耳朵的上方，下顎也會變短，這是這種姿態的臉部特徵。

★ 臉部的平衡

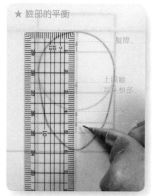

髮際。

上眼瞼
耳朵根部

臉部朝上的話，引導線也要朝上。首先畫出臉部的輪廓，然後將各部分的位置分別比原來的位置向上移動 3mm。

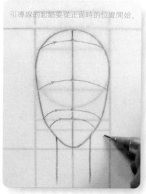

引導線的起點要從正面時的位置開始。

用弧線表示各個部位的位置的引導線。

眉毛比眼瞼要長，並呈「人」字形。

如果朝上的話，眼睛的幅度不再是平行四邊形，而是三角形。

畫出眼瞼，使上眼瞼與新的引導線相連接。眼睛要左右對稱。從不好畫的一側（拿畫筆的手的相反一側）畫可以讓左右的形狀統一。

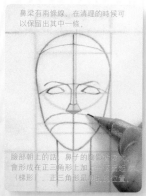

鼻柔有兩條線。在清理的時候可以保留出其中一條。

臉部朝上的話，鼻子的陰影會形成在正三角形上加一的形狀（梯形）。正三角形是

在臉中央畫上鼻子。

嘴要畫得比眼睛稍微寬一些。

下顎也要削減 3mm 左右。

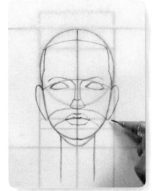

畫出耳朵和鬢角。

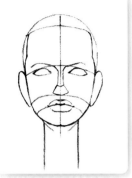

完成臉部的整體平衡。

★ 清理

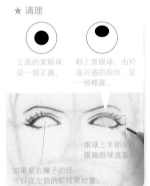

正面的黑眼球是一個正圓。

朝上黑眼球，由於遠近感的原因，是一個橢圓。

眼球上半部分由眼瞼眼球遮蓋。

如果是右撇子的話，可以從左側的眼睛開始畫。

畫臉的時候，只畫出在化妝時必需的線條就可以了。
首先畫出眼睛，臉部朝上的話，由於遠近感的原因，黑眼球是一個橢圓。

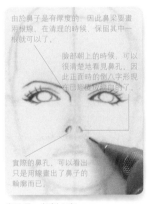

由於鼻子是有厚度的，因此鼻梁要畫兩根線，在清理的時候，保留其中一根就可以了。

臉部朝上的時候，可以很清楚地看見鼻孔，因此正面時的倒八字形現在已經能很清楚看到了。

實際的鼻孔，可以看出只是用線畫出了鼻子的輪廓而已。

鼻孔是一個倒八字。

畫出嘴。重點是嘴角和正中央的凹陷。

畫出嘴唇的厚度。

畫出臉部的輪廓。

13

畫出脖子。

14

★ 臉部的陰影

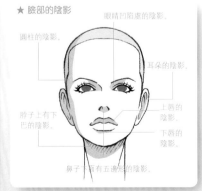

眼睛凹陷處的陰影。

圓柱的陰影。

耳朵的陰影。

脖子上有下巴的陰影。

上唇的陰影。

下唇的陰影。

鼻子下面有五邊形的陰影。

臉上很容易形成各種各樣的陰影，因此要清晰明白地添加上陰影。

15

臉部朝下的話，眼睛的位置會位於耳朵下方，下顎會變短，這是這種姿態的臉部的特徵。

★ 臉部的平衡

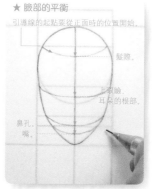

臉部朝下的話，引導線也會相應朝下。首先畫出臉部的輪廓，然後畫出圓弧狀的引導線，而且各個部位的位置比原來的位置要向下移動 3mm。

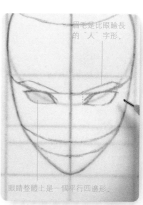

畫出眼瞼，讓上眼瞼與新的引導線相連接。眼睛要左右對稱。最好從不好畫的一側（不拿畫筆的一邊）開始畫會比較容易。

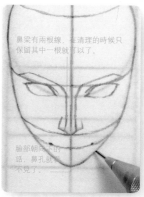

在臉部的中央畫上鼻子。

嘴巴要畫的比眼睛稍微寬一些。

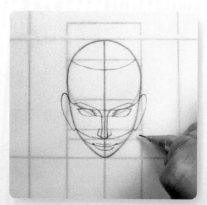

畫出耳朵和鬢角。 **05**

完成臉部的平衡。 **06**

★ 清理

在畫臉的時候，只畫出在化妝時必需的線條來就可以了。首先要畫出眼睛。 **07**

黑眼球的一半被蓋住了。

正圓。

黑眼球由於是正面朝向讀者的，所以是一個正圓。但是上半部分被遮蓋住了，所以是半圓。

臉部朝下時，由於鼻孔看不見了，所以只畫出鼻子本身來就可以了。

畫出鼻子。由於鼻子是有厚度的，因此鼻梁要畫兩根線。在清理的時候只保留其中一根就可以了。

畫出嘴。嘴角和正中間的凹陷是重點。

畫出嘴唇的厚度。

斜向的臉的畫法

連接臉部的輪廓。

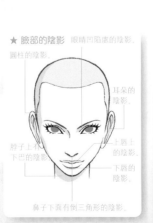

★ 臉部的陰影　眼睛凹陷處的陰影。
圓柱的陰影。
耳朵的陰影。
脖子上有下巴的陰影。
上唇上的陰影。
下唇的陰影。
鼻子下面有倒三角形的陰影。

臉上很容易形成各種各樣的陰影，因此要清晰明白地添加上陰影。

如果傾斜的話，臉的各個部位會表現出遠近感。經常有這樣的學生，他們只是將鼻子偏向一邊，其他都是用與正面相同的手法來表現斜向的臉。這裏我們要學習正確的畫法並嘗試著畫出眼睛、鼻子、嘴、輪廓等各自的遠近感。

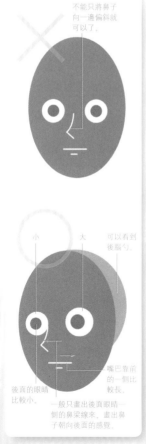

不能只將鼻子向一邊偏斜就可以了。

小　大　可以看到後腦勺。

後面的眼睛比較小。

嘴巴靠前的一側比較長。

一般只畫出後面眼睛一側的鼻梁線來，畫出鼻子朝向後面的感覺。

把握斜向的臉的遠近感。

★ 臉部的平衡

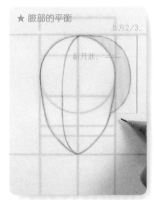

在臉部的輪廓上添加上後腦勺。

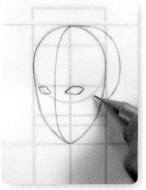

畫出眼瞼，後面的要小點，前面的要大點。

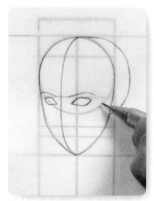

眉毛也是一樣，前面的要大一些。

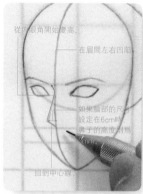

畫出鼻子的中心線。

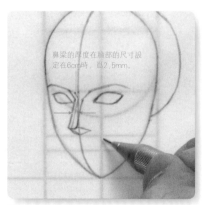

以中心線爲基準，畫出鼻梁。

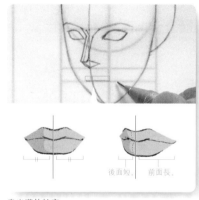

畫出嘴的輪廓。

畫出嘴唇。

在嘴唇上添加上凹陷。**08**

畫出額頭。**09**

畫出眼睛的凹陷。**10**

畫出下顎。**11**

畫出耳朵。

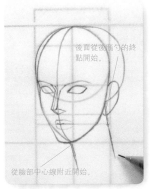

後面從後腦勺的終點開始。

從臉部中心線附近開始。

畫出耳朵。

畫出髮際。

畫出鬢角。

完成臉部的平衡。

★ 清理

畫臉的時候，只畫出化妝的時候所必需的線條就可以了。首先畫出眼瞼。由於畫畫手一側畫得比較漂亮，因此從畫不好的一側畫比較容易讓形狀統一。

在化妝的時候，睫毛用睫毛膏讓它挑起來，所以從這裏也可以看出它本來是向下的，因此，先讓它朝向下，然後中途挑上去就可以了。

畫出睫毛來，讓它成爲雙眼皮。

重點是要和後面的眼睛相接。

畫出鼻梁。

上半部分被遮蓋住了。

畫出黑眼球，由於是朝向讀者的，因此是一個正圓。

20

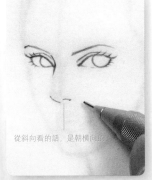

從斜向看的話，是朝橫向的

畫出鼻孔來。

21

由於遠近感的緣故，前方比較

畫出嘴來。

22

畫出嘴唇來。

23

83

從左下顎到右下腭，用一根直線一氣呵成地連接起來。

畫出耳朵輪廓和脖子。

畫出耳朵內部細節以及髮際。

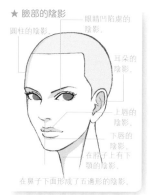

★ 臉部的陰影

圓柱的陰影
眼睛凹陷處的陰影
耳朵的陰影
上唇的陰影
下唇的陰影
在脖子上有下顎的陰影。
在鼻子下面形成了五邊形的陰影。

臉部很容易形成各種各樣的陰影，因此注意仔細添加。

斜向上的臉的畫法

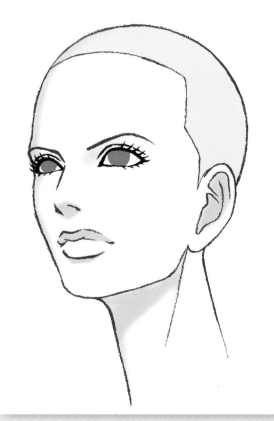

臉部朝上的話，眼睛的位置會在耳朵的上方，下顎會變短，這是這種姿態的臉部的特徵。

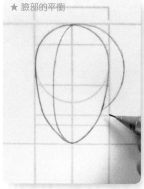

★ 臉部的平衡

在臉部的輪廓上添加上後腦勺。

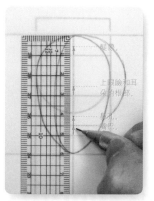

髮際
上眼臉和耳朵的根部。
鼻孔、臉中。

臉部朝上的話，引導線也會相應朝向上。因此要首先畫出臉部的輪廓，然後讓各個部位的位置相比原來的位置向上移動 3mm。

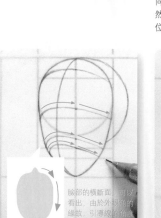

臉部的橫斷面可以看出，由於外眼角的線故，引導線的角度發生了變化。

畫出引導線。

03

畫出眼臉和眉毛。注意畫面後面要畫得小點，前面要畫大些。

04

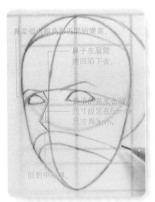

畫出鼻子的中心線。

以中心線爲基準，畫出鼻梁。鼻梁的厚度在臉部尺寸設定在 6cm 時，尺寸爲 2.5mm。

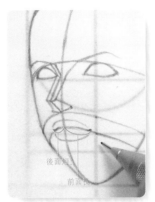

畫出嘴。

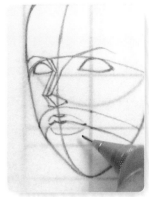

在嘴唇上添加上凹陷。

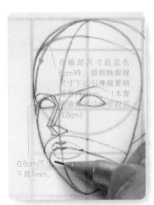

畫出額頭和眼睛的凹陷感。

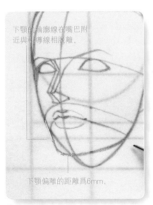

畫出下顎。

畫出鬢角、耳朵、頸部。

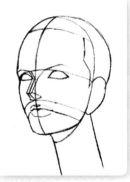

完成臉部的平衡。

畫臉的時候，只畫出化妝時候所必需的線條就可以了。首先畫出眼瞼。由於拿畫筆的那一側畫得比較漂亮，因此要拿畫筆的相反的一側開始畫比較容易讓形狀統一。

畫出黑眼球。黑眼球由於遠近感而呈現橢圓形。**14**

畫出鼻梁。**15**

畫出嘴。由於遠近感的緣故，前面會比較長。**16**

畫出嘴唇。

用一條線從前額到下顎一氣呵成地連接起來，然後畫出耳朵和髮際。

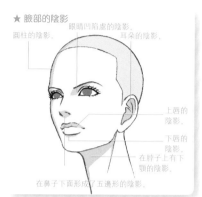

★ 臉部的陰影

圓柱的陰影。　眼睛凹陷處的陰影。　耳朵的陰影。

上唇的陰影。

下唇的陰影。

在脖子上有下顎的陰影。

在鼻子下面形成了五邊形的陰影。

臉部很容易形成各種各樣的陰影，因此注意仔細添加。

斜向下的臉的畫法

臉部朝下的話，眼睛的位置會位於耳朵的下方，下顎比較短，這是這種姿態的臉部的特徵。

★ 臉部的平衡

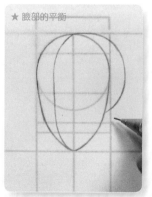

在臉部的輪廓上添加上後腦勺。

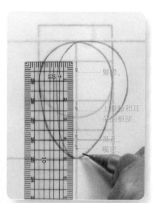

髮際。

上眼瞼和耳朵的根部。

鼻子。

嘴巴。

臉部朝下的話，引導線也會朝下。首先畫出臉部的輪廓，然後讓各個部位的位置比原來的位置向下偏移 3mm。

以原來的中心線為界。

畫出引導線。

03

畫出眼瞼與眉毛，前面的要畫得大一點。

04

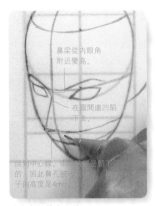
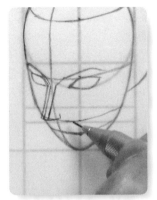
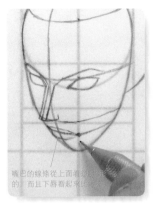
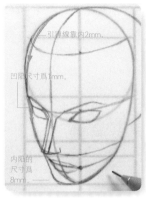

畫出鼻子的中心線。

以中心線 5mm。

畫出嘴。

畫出額頭、眼睛的凹陷和下顎。

畫出鬢角、耳朵和頸部。

完成臉部的平衡。

畫臉的時候，只畫在化妝時所必需的線條就可以了。首先畫出眼瞼。由於拿畫筆的手的一側畫得比較漂亮，因此要從相反的一側畫比較容易讓形狀統一。

畫出鼻梁來。

畫出嘴。由於遠近感的緣故，前面比較長。

用一條線從前額到下顎一氣呵成地連接起來。

畫出耳朵、髮際和頸部。

臉上很容易形成各種各樣的陰影，因此要清晰明白地添加上陰影。

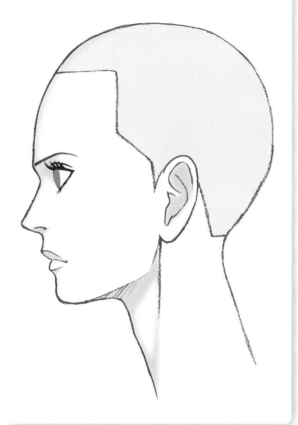

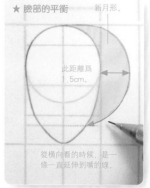

在臉部的輪廓上添加上後腦勺。

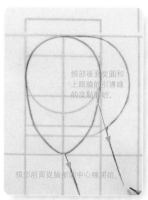

畫出頸部。寬度比 1/2 頭部寬稍微寬一點。

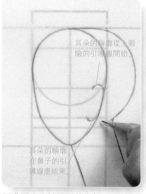

耳朵要畫在橢圓形的內部。

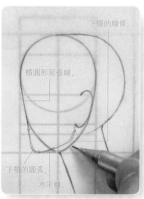

畫出下顎。

如果是側臉，鼻子和下顎的線條需要被表現出來。而且耳朵和後腦勺可以看得很清楚。但是眼睛和嘴巴由於在此時變得只有正面朝向時的一半大，因此不太引人注目。

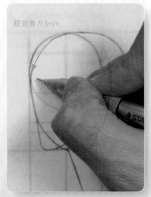

畫出額頭。**05**

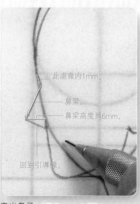

畫出鼻子。**06**

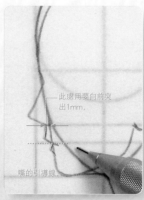

畫出嘴。**07**

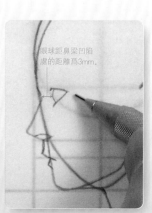

眼睛是三角形的。**08**

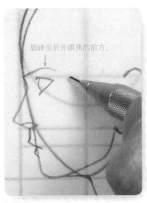

眉峰位於外眼角的前方。

畫出眉毛。

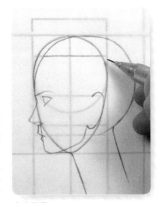

畫出髮際。

從原來的中心線開始。

在眼瞼的引導線
處角度發生變化。

後頸部從鼻子的前端
線處即圓和上眼瞼與
弧線的交點。

畫出鬢角和後頸部。

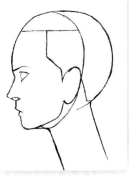

完成臉部的平衡。

★ 清理

畫臉部的時候，只需畫出化妝時所必需的線條就可以了。畫側臉的時候，要從臉部的外輪廓線條開始畫起。

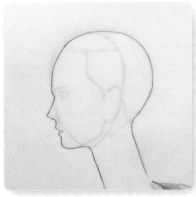

一直畫到後腦勺，一氣呵成。

畫出眼瞼。

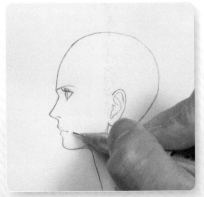

畫出睫毛和雙眼皮。然後畫出眉毛。

16

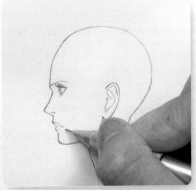

畫出嘴唇。畫完髮際之後就可以清理多餘線條了。

17

★ 臉部的陰影

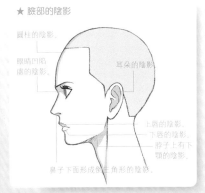

圓柱的陰影。

眼睛凹陷
處的陰影。

耳朵的陰影。

上唇的陰影。
下唇的陰影。
脖子上有下
頷的陰影。

鼻子下面形成倒三角形的陰影。

在臉上很容易形成各種各樣的陰影，因此要清晰明確地畫出陰影。

18

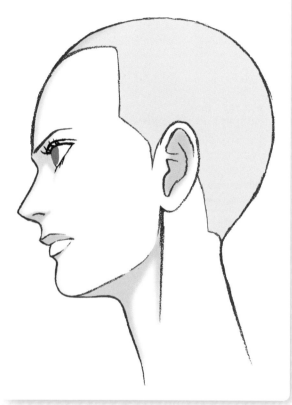

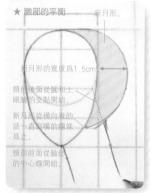

在臉部的輪廓上添加上後腦勺和頸部。

★臉部的平衡

新月形的寬度爲1.5cm

頸部後面從圓和上眼瞼的交點開始。

新月形從橫向看的話一直到嘴的線條爲止。

頸部前面從臉部的中心線開始。

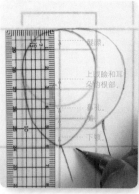

如果臉側向朝上的話，引導線也會朝上。首先畫出臉部的輪廓，然後讓各個部位的位置比原來的位置向上移動3mm。

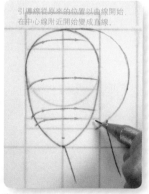

畫出引導線。

引導線從原來的位置以曲線開始在中心線附近開始變成直線。

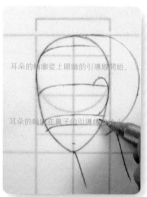

將耳朵畫在橢圓形的裏面。

耳朵的輪廓從上眼瞼的引導線開始。

耳朵的輪廓在鼻子的引導線。

如果臉部側向朝上的話，眼睛和耳朵也會隨之向上移動，鼻骨的凹陷則會在眼睛的下面了，這是這種姿態的臉部的特徵。

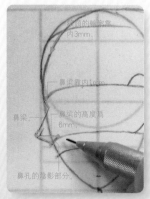

從額頭到鼻子畫一根線。

下面的輪廓畫內3mm。

鼻梁畫內1mm

鼻梁 鼻梁的高度爲6mm

鼻孔的陰影部分。

05

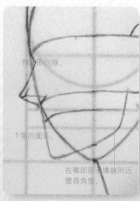

畫出下顎。

橫臉的線。

下顎的圓弧

在嘴部的導線附近變換角度。

06

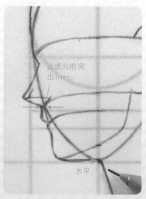

連接嘴巴和頸部的線條。

此處向前突出1mm

水平

07

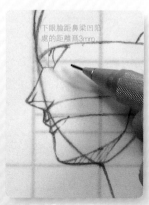

眼睛是三角形的。

下眼瞼距鼻梁凹陷處的距離爲3mm

08

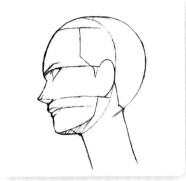

畫出髮際、鬢角、後頸部，完成臉部的整體平衡。

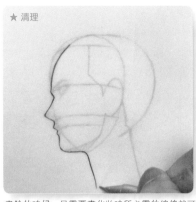

★ 清理

畫臉的時候，只需要畫化妝時所必需的線條就可以了。這個時候要從臉部的外輪廓線條開始畫起。

畫出眼睛和嘴。

側向朝下的臉的畫法

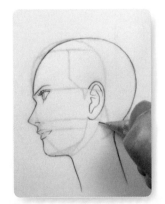

畫出耳朵、頭髮並清理完畢。

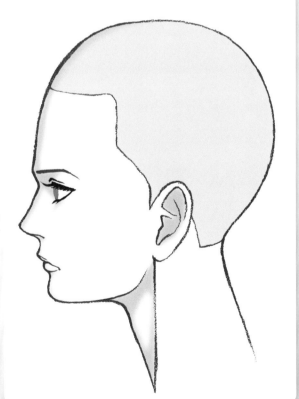

如果臉側向朝下的話，眼睛和耳朵的位置都會向下移，鼻骨的凹陷位置比眼睛靠上，這是這種姿態的臉部的特徵。

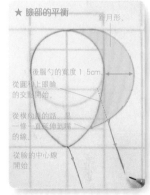

★ 臉部的平衡

在臉的輪廓上添加上後腦勺和頸部。

★ 臉部的陰影

臉上很容易形成各種各樣的陰影，因此要清晰明白地添加上陰影。

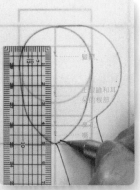

如果臉部側向朝下的話，引導線也會朝下。首先畫出臉部的輪廓，然後讓各部位的位置比原來的位置向下移動 3mm。

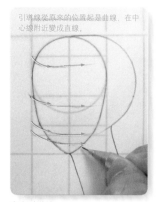

引導線從原來的位置起是曲線，在中心線附近變成直線。

畫出引導線。

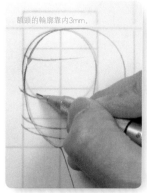

額頭的輪廓靠內3mm。

從額頭的輪廓開始畫鼻子。

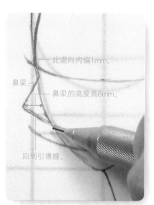

此處向內偏1mm。

鼻梁

鼻梁的高度為6mm。

回到引導線。

畫出鼻子。

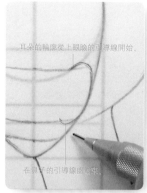

耳朵的輪廓從上眼瞼的引導線開始。

在鼻子的引導線處結束。

將耳朵畫在橢圓形裏面。

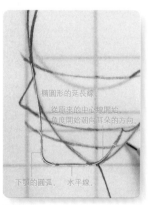

橢圓形的延長線。

從原來的中心線開始，角度開始朝向耳朵的方向。

下顎的圓弧。　水平線。

畫出下顎。

在此處向前突出1mm。

畫出嘴。

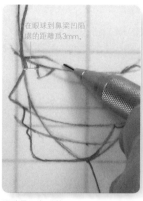

在眼球到鼻梁凹陷處的距離為3mm。

眼睛是三角形的。

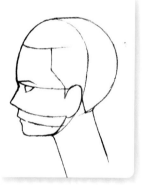

畫出髮際、鬢角、後頸部，並完成臉部的平衡。

★ 清理

畫臉的時候，只需要畫化妝時所必需的線條就可以了。這個時候從臉部的線條開始畫起。

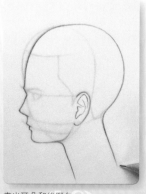

畫出耳朵和後腦勺。

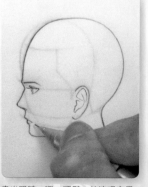

畫出眼睛、嘴、頭髮，並清理完畢。

★ 臉部的陰影

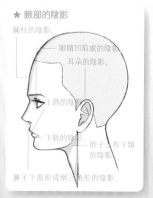

圓柱的陰影

眼睛凹陷處的陰影

耳朵的陰影。

上唇的陰影。

下唇的陰影。

脖子上有下顎的陰影。

鼻子下面形成倒三角形的陰影。

在臉上很容易形成各種各樣的陰影，因此要清晰明確地畫出陰影。

髮型

在學會了畫臉之後，讓我們來嘗試一下畫出各種各樣的髮型。
畫頭髮的重點一共有三個。

直髮的畫法

頭髮的體積（輪廓）。
不要像剛濕的頭髮一樣緊緊地貼在頭皮上，在畫輪廓時注意要讓它膨脹有一定的體積，和頭皮保持一定空間。

頭髮的流向：
以一百根頭髮爲一束，按照這個單位在輪廓裏面畫出頭髮的流向，這樣比較容易上色，不要一根一根地畫，最後整體塗上顏色。

髮梢。

髮梢要非常細。

齊劉海是直髮畫法的重點。這種髮型最能展示出漂亮的〝天使之環〞的。

以一定的間隔畫號，添加上〝天使之環〞。

天使之環。
美麗的頭髮總是有光澤的，因此，頭部的光澤被稱爲〝天使之環〞。
畫〝天使之環〞的時候，要如同畫弧線一樣，沿著橢圓形的頭部畫。

★輪廓

將之前畫好的有頭部的平衡感的頭部圖墊在下面描出頭部來。

01

畫出劉海。

02

頭髮不要像剛洗完一樣緊緊地貼在頭上，要畫出膨鬆感來。

如果畫出一些小小的彎曲，可以顯示出頭髮的動感來。

畫出頭髮的輪廓。

03

頭髮要稍微垂到胸前。

★ 頭髮的流向 稍微加上一些空隙，表現出動感。

首先在髮梢添加上頭髮的流向線。

將髮梢變細的話，可以體現出動感來。

給劉海添加上頭髮的流向。

給所有頭髮添加上流向。

劉海由於遠近感的緣故，在髮梢呈現弧形。

以同樣方法畫出臉部朝上的頭髮。

07

劉海由於遠近感的緣故，畫上了向下的弧形。

以同樣方法畫出臉部朝下的頭髮。

08

波浪捲髮的畫法

波浪捲髮。
捲髮的畫法也是重點。在捲髮裏也要添加上光澤。

★ 輪廓

把之前畫好的臉部平衡圖墊在下面，畫上臉部和
劉海。

頭髮不要像剛洗
了一樣緊緊貼在
頭皮上，要畫出
膨鬆感。

畫一些小的彎曲，這
樣可以體現出頭髮的
動感。

畫出頭髮的輪廓。

★ 頭髮的流向
頭髮夾在耳朵
後面
耳朵要露出來

添加上頭髮的流向，首先從捲曲比
較小的劉海開始。

畫出捲曲比較大的頭髮的流向。不
要固定一個方向，而是自由地向左
右散開畫。

在捲曲頭髮的中間也要添加上頭髮
的流向線。

添加上小的捲曲，整體調整完畢。

短髮的畫法

短髮。
鬢角的畫法是關鍵。

捲髮的畫法

捲髮。這種髮型的重點是膨鬆感很強。由於頭髮朝向各個的方向，因此發生了光線的散射。「天使之環」要添加在各個地方，如同在波動一樣。

★ 輪廓與頭髮的流向

髮梢呈V形，越往頂端越細。

畫出劉海和鬢角，讓人有似乎它們是從髮際中長出來的感覺。

畫出頭髮的流向，調整完畢。

★ 輪廓

將之前畫好的臉部平衡圖墊在下面，畫出臉部來。

畫出劉海。

確定捲髮的體積，即膨鬆度。

一邊向左右交互地分開曲線，一邊畫。

一點一點地連結。

★ 頭髮的流向

添加上頭髮的流向，首先是從捲曲比較少的劉海附近開始。

畫出捲曲的比較大的流向。不要固定在一個方向，要一邊向左右交互地分開曲線，一邊畫。

擦去引導線。 07

在捲髮的流向線旁再添一根並行的線，使整體更加充實，並調整完畢。 08

臉部的表情

眼睛、鼻子、嘴是根據感情而動的部位。如正經八百的臉、笑臉等等，讓我們通過表情來展示各部件的變化吧。

黑眼球的遠近感

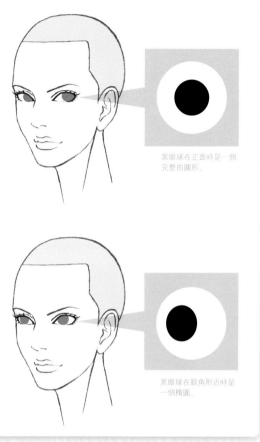

黑眼球在正面時是一個完整的圓形。

黑眼球在眼角附近時是一個橢圓。

黑眼球由於是球狀的，因此在不同的方向時由於遠近感的變化而可能會變成橢圓形。

眯眼

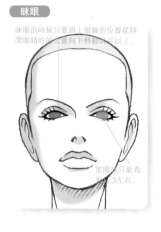

眯眼的時候只要將上眼瞼的位置從睜開眼睛時的位置向下移動就可以了。

黑眼球只能看到2/3左右。

閉眼

原來的上眼瞼的位置。

只需要畫出下眼瞼就可以了。

微笑

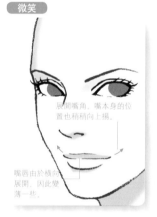

展開嘴角，嘴本身的位置也稍稍向上揚。

嘴唇由於橫向展開，因此變薄一些。

開口

嘴唇上下打開，嘴越打開，嘴角就會受到下顎牽引而向下垂。

因為嘴張圓了，所以臉也會相應變長。

下顎的長度不變化。

笑臉

眼睛變細，下眼瞼變成了人字形。

嘴巴比微笑的時候更加上揚。

下顎的長度不變。

撅嘴

嘴角收縮，因此嘴唇看起來比較厚。

向上下伸展。

★ Phase09 的複習 ★

○ 臉部要盡量畫得簡潔。只需要畫出化妝時必需的部位和線條就可以了。

○ 橢圓形是基本。首先要畫好正面朝向的臉部，記住各個部位的平衡感。

○ 眼睛是特別容易彰顯個性的地方。大家要多多練習，爭取畫出自己喜歡的眼睛來。

○ 不要勉強地畫臉部表情和髮型，要一點點地來，爭取完全掌握。

next !!
我們開始畫項目圖。讓我們一起來觀察服裝的構造吧！

項目圖1　下身服裝的畫法

所謂項目畫，是指描繪服裝的形狀和構造的平面畫，基本上分為front style（正面）和back style（背面）。它與展示整體配合和風格的風格圖（設計圖）不同，它是描繪服裝的細節部分，因此我們要使用尺子，以求畫得工整。

在畫項目圖時，需要注意的是以下四點

1. 要畫得左右對稱→ **方法** →畫一半，複製一半。

2. 要注意衣服的長短和體積感→ **方法** →總是以同一個人體的印稿墊在下面進行著裝。

3. 不要畫出褶皺→ **方法** →不要表現服裝的褶皺，使用尺子畫出直線。但是，設計中的褶皺（自然褶等）一定要畫。

4. 要明確項目的構成→ **方法** →要好好觀察服裝的細節從而進行描繪。

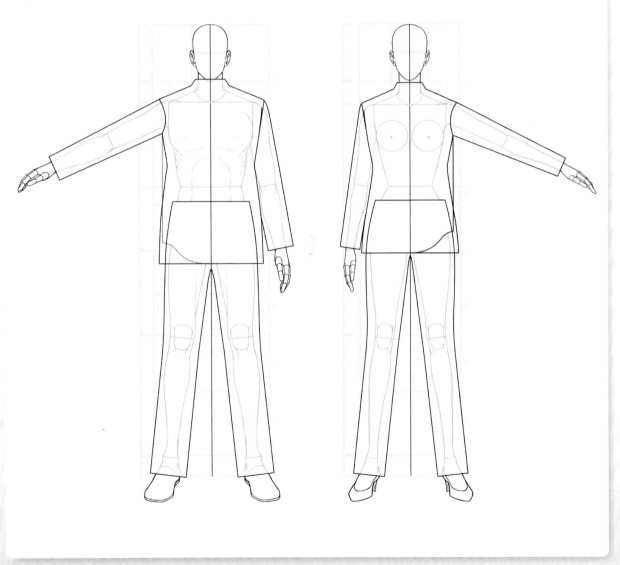

項目圖的基礎稿。
為了讓上衣能夠達到8cm，要將之前畫的人體圖擴大到150%複印下來，然後在畫項目圖的時候墊在下面。

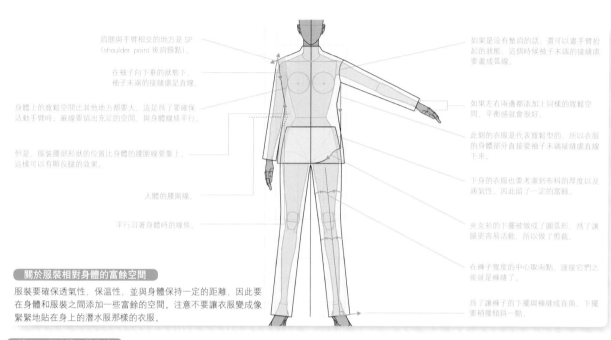

肩膀與手臂相交的地方是 SP
(shoulder point 後肩頸點)。

在袖子向下垂的狀態下，
袖子末端的接縫處是直線。

身體上的寬鬆空間比其他地方都要大，這是為了要確保
活動手臂時，腋線要留出充足的空間，與身體線條平行。

但是，服裝腰部形狀的位置比身體的腰圍線要靠上，
這樣可以有顯長腿的效果。

人體的腰圍線。

平行沿著身體時的線條。

如果是沒有墊肩的話，還可以畫手臂抬
起的狀態。這個時候袖子末端的接縫處
要畫成弧線。

如果左右兩邊都添加上同樣的寬鬆空
間，平衡感就會很好。

此側的衣服是代表寬鬆型的，所以衣服
的身體部分直接從袖子末端接縫處直線
下來。

下身的衣服也要考慮到布料的厚度以及
通氣性，因此留了一定的富餘。

夾克衫的下擺被做成了圓弧形，為了讓
服更易活動，所以做了剪裁。

在褲子寬度的中心取兩點，連接它們之
後就是褲縫了。

為了讓褲子的下擺與褲縫成直角，下擺
要稍微傾斜一點。

關於服裝相對身體的富餘空間

服裝要確保透氣性，保溫性，並與身體保持一定的距離，因此要
在身體和服裝之間添加一些富餘的空間。注意不要讓衣服變成像
緊緊地貼在身上的潛水服那樣的衣服。

裙子（喇叭裙）的畫法

喇叭裙（flare skirt）中的 "flare" 與太陽的 "耀斑"（flare）是同詞源的，
因此重點是要畫出那種像火焰一般搖曳的下擺。

★ 準備

準備好繪畫板等透明的紙，然後對折。　打開。

在折縫上畫線，這是裙子的前中心線。
鉛筆芯一定要使用 B 型以上的濃芯。

將作為項目畫基本稿的複印件和畫紙
的前中心合併，用膠帶等將畫的一側
固定。

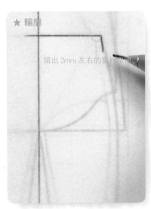

★ 輪廓

留出 2mm 左右的富餘空間

畫出腰圍線。

到中途一直都是直線。

在下擺要柔和地展開。

畫出裙子的外輪廓。

讓十字與引導線緩緩地相交。

引導線在重心線上是水平的。

下擺要畫出被掛在衣架上的感覺。首先畫一個橢圓。

讓下擺有波浪般的動感。

放射狀地畫出裙褶的褶皺。

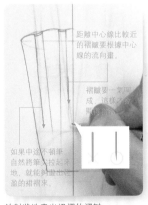

距離中心線比較近的褶皺要根據中心線的流向畫。

褶皺要一氣呵成，這樣就能畫出輕盈的裙褶來。

如果中途不頓筆自然將筆往上拉起來地，就能對畫出輕盈的裙褶來。

放射狀地畫出裙褶的褶皺。

擦去不需要的線條。

將紙對折起來，用手指甲等用力刻劃，在背面複製已經畫過的線。

再次打開之後，可以看到剛才的線已經被複製過來。如果鉛筆芯比較淡的話就無法複製，所以一定要用 B 型以上的鉛筆畫草稿。

確認畫紙左右的輪廓是否一致。這次由於寬度不夠，所以稍微加寬了一點裙擺。

14

修正之後，用比較淺的線條描畫出來。

15

★ 細節

腰帶如果位於人體的腰圍線以下的話，要稍微向下垂一些。

畫出腰帶部分。

16

畫出和褶皺一致的線條。

褶皺要畫成「り」形、小鉛狀的線條和直線條要交互出現。

在腰帶附近的褶皺和身上的褶皺之間不要有太多空白，如果畫成交且畫在到感覺，會比較好。

在腰帶附近添加褶皺。

對折起來，在紙的背面用指甲等用力刻劃，將細節也複製過來。

將複製過來的很淺的線用筆描繪出來。

最後添加上不是左右對稱的細節，完成作品。

裙子（百褶裙）的畫法

百褶裙的〝百褶〞，就是有很多褶皺的意思。

★輪廓

將身體輪廓的複印稿和畫紙的前中心線（折痕）合併，畫出裙子的輪廓來。

★細節

畫出褶皺。由於我們這裏確定從前面看有九個褶皺，因此先畫一半。首先確定下擺的褶皺的位置。

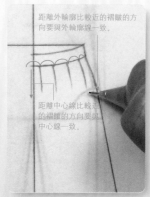

距離外輪廓比較近的褶皺的方向要與外輪廓線一致。

距離中心線比較近的褶皺的方向要與中心線一致。

畫出腰部的褶皺。03

將上下的褶皺用尺子連接起來。04

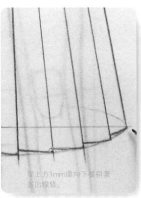

對折畫線，將畫過的線條用指甲等用力刻劃，複製到背面來。

再次打開之後，可以看到剛才的線已經被複製過來了。如果鉛筆芯比較淡的話就無法複製，所以一定要用B型以上的鉛筆畫草稿。

將複製過來的很淺的線用筆描繪出來。

確定褶皺的朝向，然後畫出來就完成了。

褲子的畫法

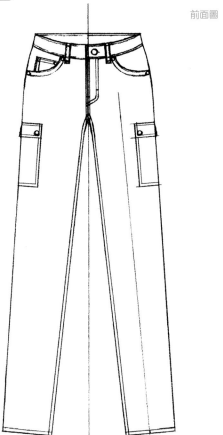

前面圖

工裝褲。兩邊的口袋的畫法是工裝褲畫法的關鍵。工裝褲一類的褲子的褲腿寬度比較寬（寬鬆式），而正裝以及商務類的褲子的褲腿寬度則比較窄（修身式）。

★輪廓

留出大約2mm的富餘空間。

腰帶的寬度

到褶部時與腰部的線平行。

腰袋的部位，在不同的設計中位置也不同，因此要注意把它置於什麼位置。

將人體圖的複印稿以及畫紙的前中心線（折痕）合併，畫出褲子的輪廓。

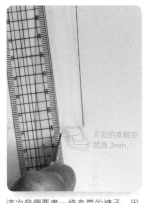

左右的富餘空間為2mm。

這次我們要畫一條直筒的褲子，因此褲腿從腰部以下是一條直線。

襠部要稍微畫成曲線。

03

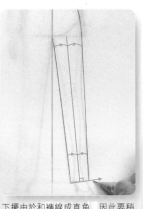

下擺由於和褲線成直角，因此要稍微傾斜一點。

04

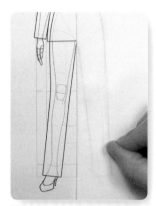

對折起來，在紙的背面用指甲等用力刻劃，將畫過的線條複製過來。

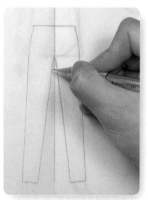

將複製過來的很淺的線用筆描繪出來。

★ 細節

注意寬度一定要均勻。

將腰帶部分畫出來，要畫出向下垂的感覺。

腰帶的褶要與腰帶成一個直角。

畫出腰帶的褶。

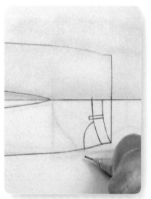

畫出口袋。圖中的口袋是「L」形的。這在牛仔褲以及工裝褲中很常見。

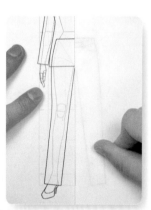

對折起來，用指甲等用力刻劃，將細節也複製過來。

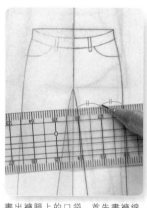

畫出褲腿上的口袋。首先畫褲線，在左右寬度的中心畫上一個點。

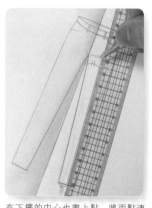

在下擺的中心也畫上點，將兩點連接起來，這就是褲線了。

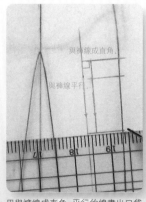

與褲線成直角。

與褲線平行。

用與褲線成直角、平行的線畫出口袋。

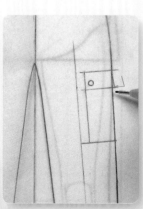

由於是有蓋的口袋，因此要將口袋蓋畫得突出褲子的邊線。

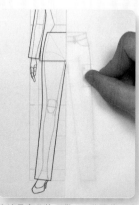

由於是有蓋的口袋，因此要將口袋蓋畫得突出褲子的邊線。

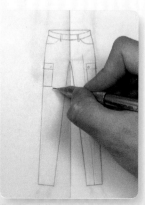

將複製下來的線描繪出來。

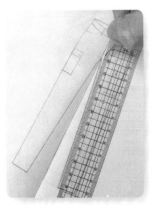

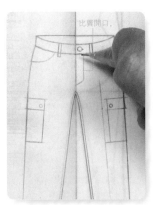

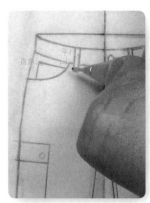

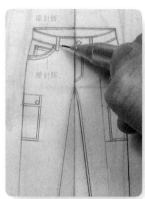

畫出內輪廓線，要與外輪廓線平行。

畫出前方的釦子以及比翼開口。

畫出硬幣袋。

等間距地畫出針腳。因為針腳有單針腳和雙針腳之分，要分開畫。

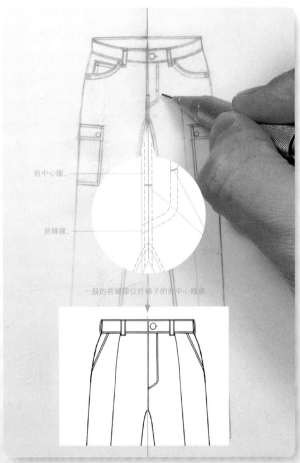

前中心線

前縫線

一般的前縫線位於褲子的前中心線處

一般來說前縫線是位於前中心線處，但是，在牛仔褲上，為了確保強度而經常將窩邊折起來縫，所以在很多情況下褲子的左右邊可能和前中心線重合。

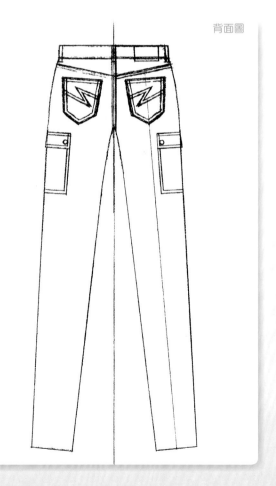

背面圖

由於前後的輪廓是一樣的，因此將前
面圖的半身從背面複寫一下就可以了。

將複製過來的很淺的線用筆描繪出來。

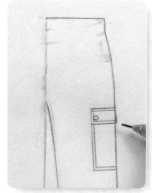

畫出左右對稱的細節，首先是口袋。

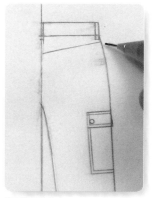

畫出腰帶和過肩。

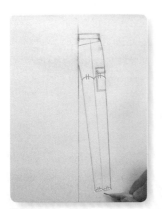

爲了畫出口袋，先添加上褲線。

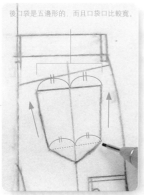

後口袋是五邊形的，而且口袋口比較寬。

以褲線爲中心，左右對稱地畫出一個
五邊形。

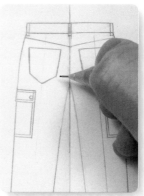

對折之後用手指用力刻劃，將口袋複
製下來。

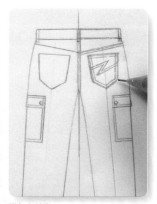

添加上針腳。

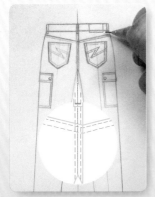

添加上皮質水洗標，完成作品。

09

★ phase10 的複習 ★
○ 將之前畫的身體圖墊在下面，要畫出微妙的長度以
　及體積的變化來。
○ 一定要畫得左右對稱。
○ 仔細觀察實物，確認服裝的構造。

next !! 我們開始畫上衣的項目圖！

項目圖2　上身服裝的畫法

襯衫的畫法

正面圖

襯衫由於沒有墊肩,所以如果是平放狀態的話,袖子要伸展開。

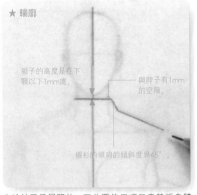

★輪廓

領子的高度是在下顎以下1mm處。

與脖子有1mm的空隙。

襯衫的領肩的傾斜度為45°。

由於袖子是展開的,因此要使用項目畫基版身體圖的右半邊。畫出領子的高度、領肩以及肩膀的線條。

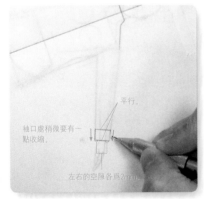

平行

袖口處稍微要有一點收縮。

左右的空隙各為2mm。

畫出袖口。

袖子上面由於有折縫,所以要緩緩地擴展。

03

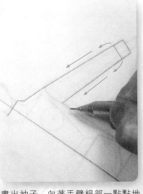

畫出袖子。向著手臂根部一點點地擴展。

04

肋線要比引導線畫得更柔和自然。

畫出肋線。由於襯衫是穿在裏面的,所以要比引導線靠內0.5mm左右。

05

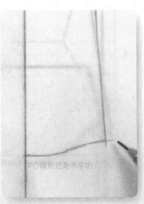

中心線附近是水平的。

畫出襯衫的波浪型下擺。這是標準的襯衫下擺,是一種曲線形、燕尾形的長下擺。因為以前的襯衫還是被當成內衣來穿。

107

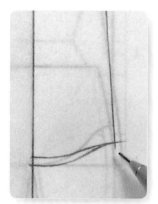

一般來説後面的下擺會比較長。

對折起來，用手指甲等用力刻劃，將畫出的半面草圖複製下來。

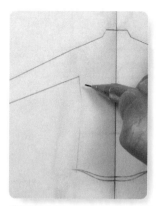

將複製過來的很淺的線用筆描繪出來。

由於右邊的袖子要彎折過來，所以要先將紙折起來，同時注意不要影響到身體部分。然後用手指刻劃複製。

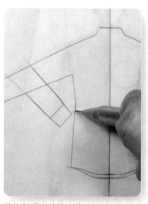

將複製過來的很淺的線用筆描繪出來。

稍微讓它有一些圓潤感，這種線條可以體現出布料的質感。

連接上手肘的部分。

擦去不要的線條。

★ 細節

用緩和的曲線畫，可以展現出那種比較舒適地貼著脖子的感覺。

畫出領子的 V 字區。

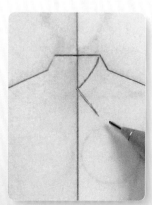

領子的開口處用直線。

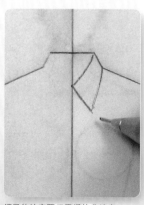

領子的輪廓要用平緩的曲線畫。

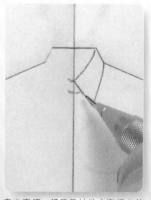

畫出臺領。領子是被縫在臺領上的。而女式襯衫很多都沒有臺領。

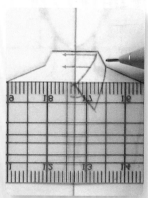

畫出領肩。領肩是臺領的後面部分。一般都會比臺領要高。

15　16　17　18

畫出肩膀的縫線。

畫鈕子首先要確定上下的位置。

確定中間的鈕子的位置。

畫出鈕子。

將紙對折，進行複製。

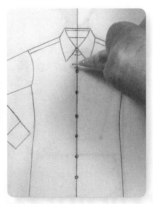

將複製過來的很淺的線用筆描繪出來。

畫出不是左右對稱的部位。首先是前接縫，它要和前中心平行。

畫出口袋。

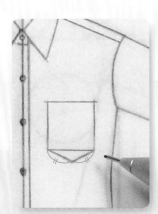

正方形下面畫一個等腰三角形來，這樣就畫出了五邊形口袋。

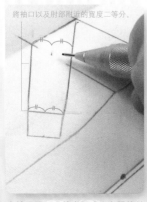

將袖口以及肘部附近的寬度二等分。

畫袖子開氣，首先要確認衣服接縫的位置。

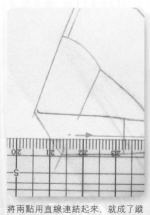

將兩點用直線連結起來，就成了縱向的接縫了。

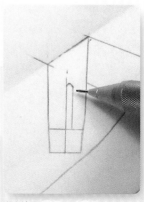

畫出袖子開氣。

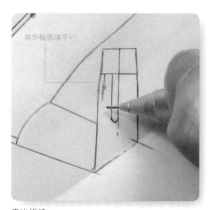

與外輪廓線平行。

畫出折縫。

袖子開氣的釦子比袖口的釦子要小。

在袖子開氣和袖口畫釦子。

袖子孔是縱向的孔。根據慣例，穿在裏面的衣服（男襯衫或者女式襯衫）的釦子是縱向的孔，穿在外面的衣服（夾克或者大衣）的釦子是橫向的孔，由於臺領以及袖口沒有縱向的接縫，它們的接縫是橫向的，因此它們的釦子孔也是橫向的。

針腳要等間距地仔細地畫出來。

添加上針腳，完成作品。

背面圖

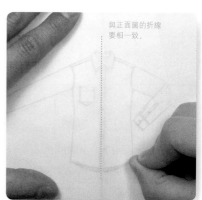

與正面圖的折線要相一致。

由於正面圖和背面圖的輪廓是一致的，所以可以將正面圖拿來從背面複製。

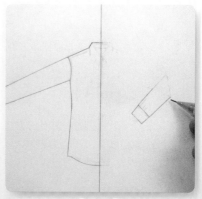

將複製過來的很淺的線用筆描繪出來。

02

然後畫出後背中心的兩條褶皺來。

對折之後進行刻劃和複製。

由於袖子是向前面彎折的，所以肘部的外觀會發生變化。

畫出袖口開氣。

西服（單排釦）的畫法

正面圖

添加上針腳，完成作品。

08

所謂單排釦指得是胸前只有一排釦子，其他還有胸前有兩排釦子的雙排釦式西服。西服由於有墊肩，所以是立體的，因此不要畫成平放狀態，而是要畫成掛在衣架上的狀態。要將袖子稍微打開一點，這樣可以讓人看清楚身體上的設計。

★ 輪廓

與脖子有1mm 的空隙。

領子的高度 是在下頜以 下1mm。

夾克的領肩比起襯衫 更加平緩。

平行

袖口要傾斜 與袖口成一側垂直角

由於袖子是下垂的,因此要用身體
圖的左半邊。領子的高度、領肩、
肩膀、袖子的線條都要依次畫出來。

畫出用直線即可處理的肋線和下擺
部分。

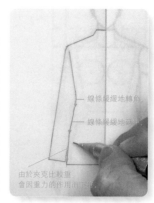

線條緩緩地轉角

線條緩緩地彎曲

由於夾克比較重 會因重力的作用而下垂

腰部的肋線要徒手畫出平緩的線條來。

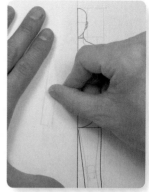

將畫紙對折,將畫過的線條複製過來。

打開紙,將複製的淡淡的線用筆描
繪出來。

★ 細節

用緩和的曲線靠
要越過前中心線。

係釦部分的
邊線要與前
中心線平行。

畫出領子的 V 形。

此處至微有一些圓
潤感,與下擺合併

角度稍微得出
了一些變化。

由於是單排釦,所以前面裁剪線要
畫成普通的樣子,像"人"字一樣。

畫出領肩來。

背中心線

貼邊

畫出背中心線和貼邊來。

09

從後肩頸貼開始出發,朝向肋線畫出
個 "Y" 字形來。注意角度不要太大

畫出袖子的末端。

10

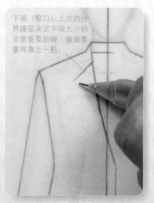

下頜(駁口)上方的分
界線是決定下頜大小的
非常重要的線,盡量要
畫得靠上一點。

畫出下頜。下頜是決定西服的設計
非常重要的細節。首先要從領子的
分界線開始畫。

11

下頜要通過前中心線
一直到係釦邊緣。

腰圍線。

下頜要畫成像比首一樣的形狀。

12

112

畫出上領。

畫出釦子。由於穿在外面的衣服和穿在裏面的衣服比起來，材料要厚一些，因此釦子也要畫得大一點。釦子的孔是橫向的。

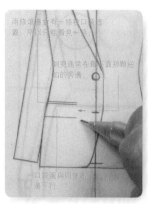

畫出側兜，這次在兩條滾邊上都添加口袋蓋。

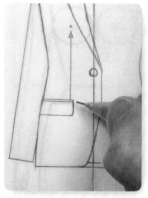

省道這條線要從側兜一直延伸到胸高點處。

畫出側縫線（在有的設計裏面可能看不到）。

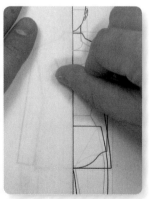

對折起來，將已經畫過的線從後面用手指甲等用力刻劃，進行複製。

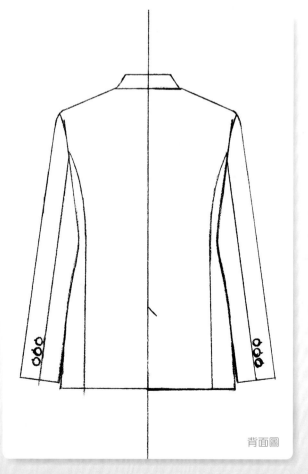

背面圖

將複製下來的比較淺的線用筆描繪出來。

19

畫完胸兜，正面圖就算完成了。

20

由於前後的輪廓是相同的，可以將正面圖複製下來。前後形狀一樣的袖子末端以及側縫線也可以試著複製下來。

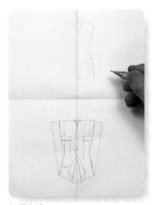

打開查看一下。

將複製下來的很淺的線條用筆描繪出來。

添加上細節，首先是側縫線。

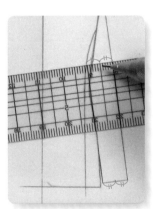

添加上袖子的中縫線。首先在袖子的寬度的中心取兩個點。

連接兩點。

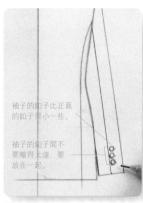

袖子的釦子比正面的釦子要小一些。

袖子的釦子間不要離得太遠，要放在一起。

畫出袖子的釦子。

對折之後，進行複製。

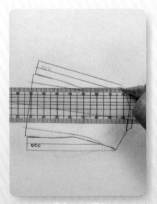

將複製之後的淺淺的線用筆描繪出來。

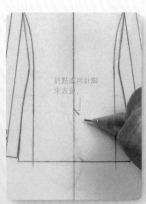

終點處應用針腳來表現。

在背後的中心處畫上開氣。

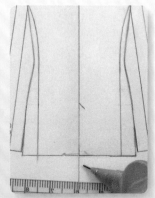

由於右半身比較靠上，在下擺上表現出高度差之後，作品就完成了。

★ phase11 的複習 ★
○ 將之前畫的身體圖墊在下面，表現出長度以及體積的微妙的變化。
○ 一定要畫出左右對稱來。
○ 要仔細地觀察實物，確認服裝的構造。

next !!
我們要給人體穿上衣服！

12

ase

著裝圖的畫法

我們給人體穿上衣服，基本上和項目圖是一樣的。
但是要高度注意衣服的長短以及身體的體積感。我們要給人體穿上有一定寬鬆度的服裝。
著裝圖與項目圖有以下兩點不同：

①身體是動態的，如朝向以及姿勢變化等，因此要以身體的中心線爲參考，應對身體的各種各樣的動態變化。

②褶皺：與身體有一定距離的、具有一定體積感的服裝由於重力的作用會產生向下的褶皺；緊貼身體的服裝，在關節部分會產生橫向的褶皺。

如果將腰帶的兩端連接上的話，與身體的腰圍線是平行的。

中心線由於位於服裝的前中心上，所以要以這條線爲基準給人物穿上服裝。

口袋等細節與腰圍線是平行的。

與身體有一定距離的服裝由於重力會產生縱向的褶皺。

下擺的鬆弛部分是由於服裝自上而下的壓迫而形成的，因此要形成橫向的褶皺。

緊貼在身上的服裝會產生橫向的褶皺，褲襠、膝蓋、腳腕等關節處會產生這樣的褶皺。

與身體有一定距離、比較鬆弛的服裝。

與身體緊貼的服裝。

我們可以看出，裙子是配合著腰部的動作，傾向於支撐腿一側的。而且由於裙子是與身體有一定距離的服裝，因此在縱向上會有由於重力而產生的褶皺。

在裙子腰帶的位置上，畫出與人體腰圍線平行的引導線。

畫出腰帶，然後添加上短裙的前中心線。

確定裙子下擺的位置，畫出裙子的輪廓。

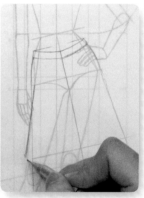

由於裙子有褶皺，所以可以根據腿部的動作增加褶皺的量和動感。根據游離腿的位置對輪廓進行修正。

爲了讓下擺看起來比較立體，所以要將它畫成弧形，重要的是要畫出橢圓的下半邊。

在下擺上添加上褶皺特有的波浪。

★ 細節

給下擺的褶皺添加上高低的差距，畫出褶皺來。

按照 "り" 的形狀從上向下添加褶皺，完成作品。

褲子的著裝圖

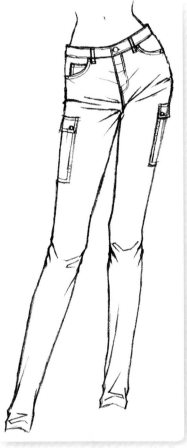

褲子的腰部由於人體的動作而偏向於支撐腿的一側。由於是緊身褲，所以在關節處形成了褶皺。

★ 輪廓

與腰圍線成了直角

在褲子的腰帶的位置上與腰圍線相平行地畫上引導線，從這裡畫出腰帶下垂的部分。

畫出腰帶，添加上前中心線。

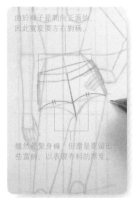

由於褲子是朝向正面的，因此寬度要左右對稱。

雖然是緊身褲，但還是要留出一些富餘，以表現布料的厚度。

畫出腰部。

由於下擺是鬆弛的，所以會與腿的線條相抵觸。

沿著腿部線條，畫出褲子的輪廓，同時要留出一些富餘空間來。

★ 細節

添加上褲子的細節。因為身體是傾斜的，所以不太好畫。將紙旋轉一下，使其放正，這樣就不容易畫歪了。

褲腿中線是平行的

褲腿中線，會左右輕微地擺動，把兩點連接起來就到了次畫法。

畫出口袋。與褲腿中線平行地畫出口袋的縱向線條來。

平行

直角

畫出口袋的橫向的線條來。

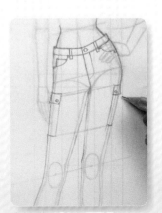

畫出細節。**07**

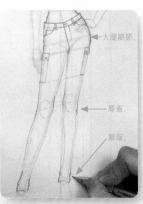

大腿關節

膝蓋

腳腕

由於關節的作用，因此在輪廓上要畫出褶皺來。**08**

從褲部向腰部伸展的褶皺

覆蓋住膝蓋下方的褶皺

還要添加上單腿重心姿勢獨特的褶皺。這種褶皺是朝向支撐腿的腰部的褶皺。

下擺的鬆弛部分

畫出褶皺。因為褲子是緊貼著身體的，因此要形成橫向的褶皺。褶皺是"レ"字形或者"Z"字形的。

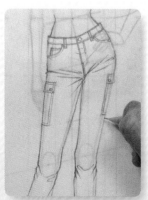

畫出針腳以及與之相配的褶皺來，完成作品。**10**

117

襯衫是包裹著身體和腰部的，也就是說，要配合身體和腰部的動作，畫出前中心線，這是很重要的。鈕釦也位於前中心線的位置。

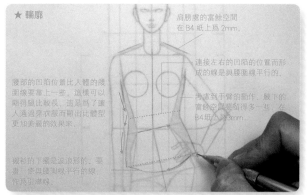

★ 輪廓

肩膀處的富餘空間在B4紙上為2mm。

連接左右的凹陷的位置而形成的線是與腰圍線平行的。

腰部的凹陷位置比人體的腰圍線要靠上一些，這樣可以顯得腿比較長，這是為了讓人通過穿衣服而顯出比體型更加美麗的效果來。

隨著到手臂的動作，腋下的富餘空間要留得多一些，在B4紙上為3mm。

襯衫的下擺是波浪形的，要畫一條與腰圍線平行的線作為引導線。

畫出輪廓，要注意留一些富餘空間。

富餘空間在B4紙上為2mm。

袖子畫要注意留出富餘。

畫袖子的時候也要注意留出富餘。

★ 細節

這是正面著裝圖所以要使左右對稱。

前頸點正好位於中心線上。

一般來說，袖子與身體的接縫要稍向內側傾斜一些。

普通袖的要要從后肩的調節，直到袖子的接縫處。

與肩平行。

添加上領子、袖口、袖子與身體的接縫等主要細節。

與肩線幾乎是平行的。

畫出過肩。 **04**

由於釦子在前中心線上，因此前接縫要與中心平行排列。此圖是女士服裝的前接縫。

在釦最後一顆子的地方讓下擺稍微打開一點。

畫出前接縫線。 **05**

在確定了上下釦子的位置之後，分配中間的間隔，畫上釦子。

在前中心線上畫釦子。 **06**

添加上褶皺。

畫出肘部的褶皺。

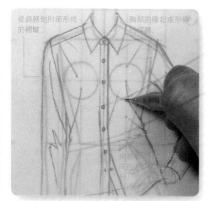

畫出其他褶皺，完成作品。

敞開的西服著裝圖

敞開的西服也是包裹著身體和腰部的，也就是說，配合身體和腰部的動作畫出前中心線來是非常重要的，由於它的材料比襯衫要厚，所以比襯衫更加容易形成褶皺。

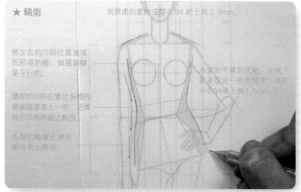

★ 輪廓

畫出輪廓，注意留出一些富餘空間。西服因為是穿在襯衫外面的衣服，所以比襯衫留出的富餘要大一些。

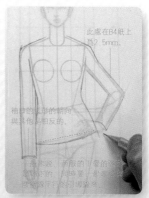

注意在袖口也要留出富餘來。

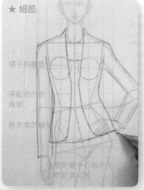

★ 細節

畫出西服的係鈕部分來。要按照領子、係鈕部分、前衣角的順序來畫。

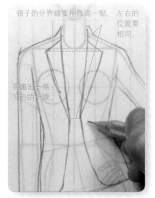

領子的分界線要稍微高一點。左右的位置要相同。

要畫出一條弧形的封線。

畫出下領。

左右的位置一定要保持一致。

畫出側兜以及釦子。

畫出省道和胸兜。

由於這個夾克比較貼身，所以肩膀、肘部、腰部等關節處的衣服會很容易形成了褶皺。

添加褶皺。

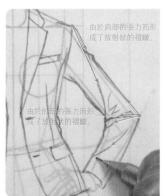

由於肩部的張力而形成了放射狀的褶皺。

由於肘部的張力而形成了放射狀的褶皺。

褶皺的線條要一筆「挑」起，不要中途頓筆。

畫出肘部的褶皺。

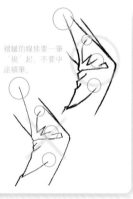

由於胸部的隆起而形成的褶皺。

畫出腰部的褶皺。

由於單腿重心而形成的布料的下墜部分入到支撐腿一方形成。

從肩膀朝向肘部形成的褶皺。

畫出其他褶皺，完成作品。

單鞋的著裝圖

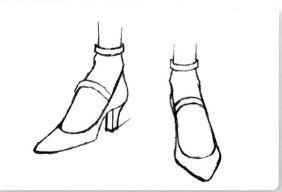

單鞋很多都是帶鞋跟的。因此它的畫法最重要的是從腳跟到腳掌凹陷處的線條。

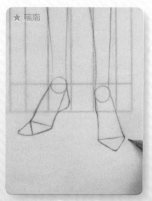

★輪廓

首先將框架圖墊在下面，畫出腿部。這次由於是單腿重心姿勢，所以要畫出左右朝向不同的鞋子。該單腿重心姿勢的腳部畫法詳見 P41。

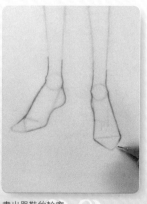

畫出單鞋的輪廓。

02

脚尖部分要畫得比較尖。

★ 細節
兩腳比起平行狀態來要略為打開一些。

畫出腳指根部的引導線。

畫出腳指根部的引導線。

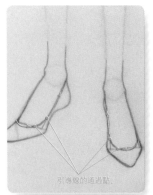

引導線的通過點。

用平緩的曲線將鞋口的輪廓連接起來。

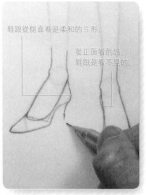

鞋跟從側面看是柔和的 S 形。

從正面看的話，鞋跟是看不見的。

畫出鞋跟。

畫出鞋跟的厚度。

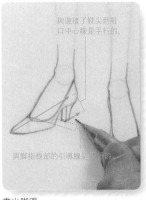

與連接了鞋尖到鞋口中心線是平行的。

與腳指根部的引導線是平行的。

畫出腳跟。

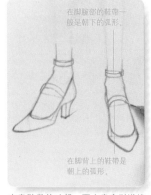

在腳腕部的鞋帶一般是朝下的弧形。

在腳背上的鞋帶是朝上的弧形。

在畫鞋帶的時候，要在畫完引導線之後再添加上弧形。

涼鞋的著裝圖

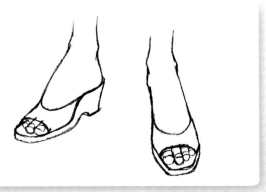

穿涼鞋的時候，一般腳露出來的部分比較多，所以要把腳指和腳背畫得比較漂亮。

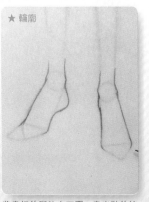

★ 輪廓

將畫好的腳墊在下面，畫出鞋的輪廓來。 01

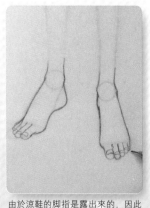

由於涼鞋的腳指是露出來的，因此要先畫上。 02

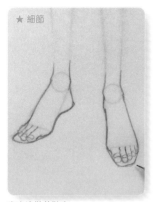

★細節

畫出涼鞋的鞋底。

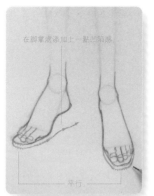

在腳掌處添加上一點凹陷感

平行

畫出鞋底來。

這次畫的是厚底鞋。

與腳指根部的引導線是平行的。

畫出鞋底的腳跟部分。

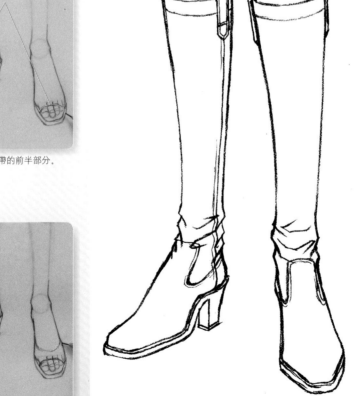

靴子的著裝圖

腳上的鎖

畫出涼鞋的腳指帶的前半部分。

靴子的輪廓就基本上是沿著腿部進行的重點是在關節（腳腕）處要形成褶皺。

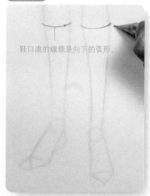

鞋口處的線條是向下的弧形。

確定靴子的高度。

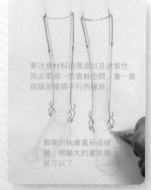

要注意材料的厚度以及透氣性，因此要留一些富餘空間，畫一條與腿部線條平行的線條。

腳腕的輪廓處形成褶皺，褶皺大約畫兩個就可以了。

畫出輪廓。

畫一個和單鞋一樣的鞋口，完成作品。

08

02

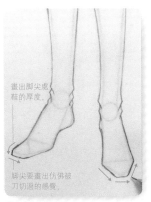

脚尖設計成平頭。

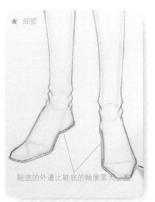

★ 細節

畫出鞋底的外邊。

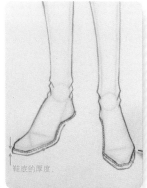

畫出鞋底，要與鞋底外邊平行。

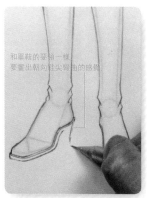

畫出鞋跟。

畫出鞋跟的厚度。

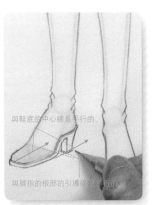

畫出腳跟。

畫出切換線。小腿的部分和腳的部分要分開。

在腳腕處添加上褶皺。

最後把細節添加上，在鞋口上畫上皮帶、拼縫、針腳等。

運動鞋的著裝圖

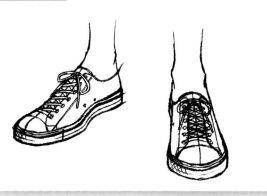

運動鞋重點是鞋帶、鞋頭等各種各樣的細節要如何才能畫好。

首先將框架圖墊在下面畫出腳，這次鞋跟并不高。

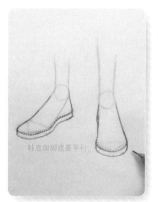

將畫完了的腳墊在下面，畫出運動鞋的輪廓和鞋底。

鞋底與腳底要平行。

★ 細節

在鞋底上添加上細節。

平行。

與單鞋不同的是，由於有鞋舌，所以腳背是隆起來的。

畫出鞋口。

將鞋舌部分的頂點以及鞋尖最尖端的部分連接起來的話，就形成了鞋的中心線。

畫出鞋子的中心線，以此為基準添加上細節。

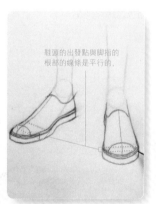

鞋頭的出發點與腳指的根部的線條是平行的。

畫出鞋頭。

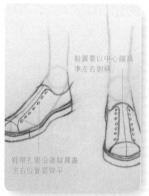

鞋翼要以中心線為準左右對稱。

鞋帶孔要沿著鞋翼畫左右位置要齊平。

畫出鞋翼和鞋帶孔。

第一個鞋帶是向上的弧形。

從第二個開始向斜上方穿。

畫出鞋帶。

在中心線處相交。

左右斜向相交。

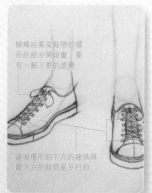

蝴蝶結要從鞋帶的環形的部分開始畫，要有一點下垂的感覺。

連接環形的下方的線條與最下方的鞋帶是平行的。

畫出蝴蝶結。

10

畫出剩下的鞋帶、針腳、鞋頭的細節，最後完成作品。

11

┌─────────────────────────────────────┐
★ Phase12 的複習 ★
○ 任何形式的著裝首先都要從身體的平衡開始，要認真地畫出身體的姿勢。
○ 由於富餘空間的程度不同，著裝的平衡感也會發生變化。在畫的時候，要考慮每個著裝的富餘情況。
○ 中心線在畫細節的時候是最有用的引導線。
└─────────────────────────────────────┘

next !! 我們要開始對草稿進行細化加工了！

草稿的描畫

在草稿的線條中，有很多是可有可無的線。另外，如果給鉛筆畫著色的話，鉛筆可能會溶在顏料裏，使畫面變污濁。因此，一般會使用繪圖筆。

描繪的標準

繪圖筆由於有很多不同的粗度，因此我們要先製定一個標準，確定在哪裏用哪種筆比較好。

0.05	(超極細)	眼睛、鼻子、嘴、針腳。
0.1	(極細)	頭髮的流向、比較淺的褶皺、構造線（切換線、省道、袖子接縫等）、細節。
0.3	(細)	皮膚、頭髮的輪廓、比較深的褶皺、部位的分界處（觸摸時可以感覺到高低差的地方，比如說領子和衣服身體部分之間的線）
0.5	(中粗)	輪廓（比較薄的材料，比較柔軟的材料）
0.8	(粗)	輪廓（比較厚的材料，比較硬的材料）
刷子	(極粗)	（所有想要強調的輪廓）

◎繪圖筆◎

我們這裏放了一些有代表性的筆。筆尖的大小從0.05到極粗的刷子。顏色也不光是黑色，還有棕色、藍色、紅色、綠色等。從設計圖到項目圖，都可以用它們來創作。

NOUVEL PIGMA GRAPHIC

PILOT DRAWING PEN

COPIC MULTILINER

項目圖的描圖

謄寫

筆觸越濃的話就越容易謄寫。因此要用B型以上的筆用力畫。

在草稿的背面將其塗黑。

將膠帶固定，注意力的不平衡

將想要描畫的紙墊在上面。

輪廓的描畫

斷面圖

如果筆尖深入到尺子下面的話，容易讓墨水滲進去。

應該讓筆尖稍微離開尺子一段距離。

草稿的線條。

注意繪圖筆的線條不要畫到草稿的裏面去。

繪圖筆的線條。

如果用筆的力量過大的話，在描畫的紙上會出現小溝，會變得凹凸不平，因此畫圖時不要用力過猛。只要將背面塗黑時就可以非常清楚地描出來。

謄寫。

03

確認謄寫完的狀況，看看有沒有忘掉的地方。

04

用比較粗的繪圖筆（0.8）從輪廓開始畫。如果水平地畫線條的話，尺子和筆尖就會有一定的距離，墨水就不會滲進去了。

05

畫縱向線的時候，要將紙橫過來，水平地畫線。

徒手畫線的時候，注意用筆的力度，避免出現比尺子畫更粗的情況。

曲線也可以用徒手來畫。如果不能習慣的話，可以用雲形尺來畫。

★ 細節的描畫

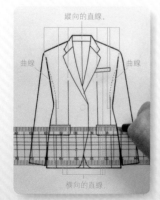

虛線的部分是各部位的分界處。

用比較細的筆畫出部位的分界處（所謂分界處是在觸摸時，會發現有高低差的地方）。

由於下領是一個長長的曲線，所以可以使用雲形尺。

畫縱向的線的話，可以將紙橫過來使用尺子來畫，曲線的話可以徒手來畫。

縱向的直線。

曲線　　　曲線

橫向的直線。

用極細的筆（0.1）畫出細節，完成作品。如果沒有針腳的話，可以之後用超極細的筆（0.05）來畫，線條要分橫向、縱向、曲線來畫。

修正的話用白色的不透明水彩進行。用修正液的話，注意不要高於畫面。

正面圖

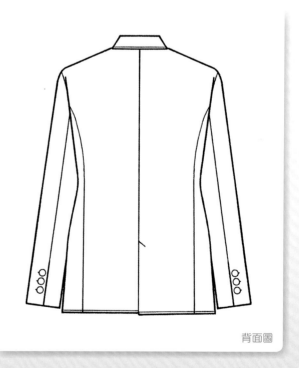

背面圖

和西服一樣，對草稿進行描畫。

正面圖

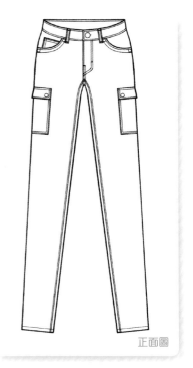

正面圖

○ − − − − −
✕ − − − −

針腳既可以用實線也可以用虛線。
如果用虛線要注意不要留出空隙。

背面圖

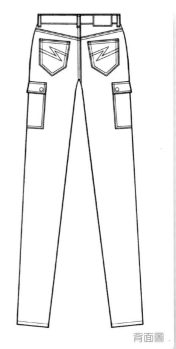

背面圖

正面圖

背面圖

正面圖

背面圖

著裝圖的描圖

練習 1（圓柱體描畫）

服裝可以說是各種大小的圓柱體的集合。
在線條的基礎上添加上立體感或者起伏感時，用筆的力度是非常重要的。

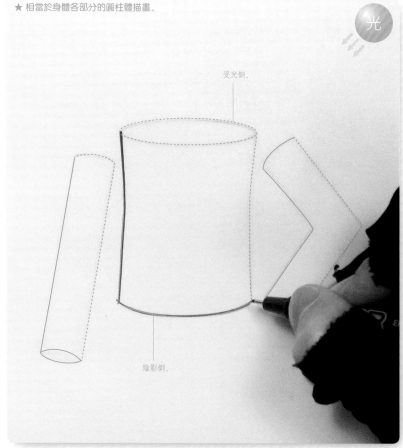

★ 相當於身體各部分的圓柱體描畫。

光

受光側。

陰影側。

用筆力度比較小，線條就細、

用筆力度比較大，線條就粗

同一支筆由於用筆力度不同而引起的粗度變化。

設定光源的位置，用比較粗的筆（0.8）在陰影側稍用力畫出線條（粗線條）。

練習 2（簡單的上衣描畫）

在受光側，用同樣粗度的筆（0.8）用比較小的力畫出線條（細線條）。這樣，即使只是一個圓柱也可以表現出起伏感來了。

★ 相當於袖子部分的圓柱體描畫

同樣，在相當於袖子部分的圓柱形上也進行描畫。

★ 輪廓的描畫

光

設定光源的位置，在陰影側稍用力畫出線條（粗線條）。

在受光側，用同樣粗度的筆（0.8）用比較小的力畫出線條（細線條）。

★ 細節的描畫

用極細的筆（0.1）畫出袖子的接縫。

★ 輪廓的描畫

設定光源的位置，在陰影側用比較粗的筆（0.8）稍用力畫出粗線條。

在受光側，同樣用比較粗的筆（0.8）用比較小的力畫出細線條。

★ 部位分界線的描畫

用比較細的筆（0.3）畫出各部位的分界線，與輪廓一樣，在陰影側稍用力畫出粗線條。

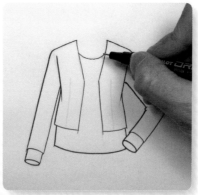

在受光側用比較細的筆（0.3）用比較小的力畫出細線條。

★ 細節的描畫

用極細的筆（0.1）畫出袖子的接縫或者省道來。

西服的描畫

從這裏開始才是正式的内容。當大家了解了線條的强弱規則後，就可以將著裝圖描畫了。這次我們通過拷貝臺複製了草稿的線條。如果没有拷貝臺的話，可以像P107那樣將背面塗黑然後再描一遍就可以了。

★ 輪廓的描畫

設定光源的位置，在陰影側用比較粗的筆（0.8）稍用力畫出粗線條來。

在受光側，用比較粗的筆（0.8）用比較小的力畫出細線條來。

★ 部位分界線的描畫

用比較細的筆（0.3）畫出各部位的分界線，與輪廓一樣，在陰影側稍用力畫出粗線條來。

★ 褶皺的描畫

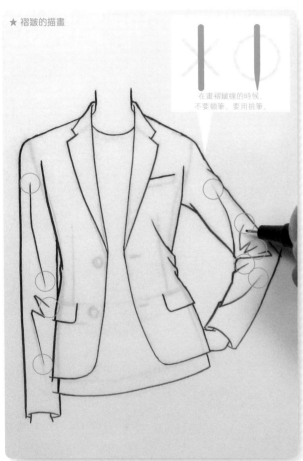

在畫褶皺線的時候，
不要頓筆，要用挑筆。

由於西服的褶皺比較深，所以要用比較細的筆（0.3）來畫。

★ 細節的描畫

用極細的筆（0.1）畫出袖子的接
縫以及省道等來。05

用超極細的筆，畫出針脚，針脚既可
以是實線又可以是虛線，如果是虛線
的話，注意不要留下很大的空隙。

完成。

與西服一樣，對草稿進行了描畫。

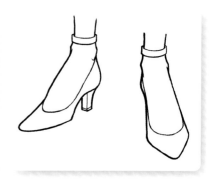

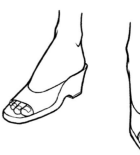

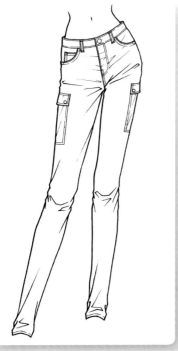

★ Phase13 的複習 ★
○ 描畫的時候要考慮到各種著裝
　圖的立體感。
○ 陰影側要稍用力畫出粗線條。
○ 受光側要用較小的力畫出細
　線條。
○ 在用筆的粗度上也有講究，在
　輪廓上要用粗筆，細節上要用
　細筆。

next !!　我們要開始調顏色了！

14 調色

使用畫材

終於要使用畫材開始上色工作了。

這次我們使用的畫材是不透明的水彩顏料和彩色鉛筆。這兩種畫材的上色是最基本的技法。

不透明水彩顏料是一種不會將底色透過來的顏料。但是，如果水加的量比較多的話，就會和透明水彩顏料一樣，也可以讓底色透過來，因此它的通用性比較強。這次我們使用的是赫爾貝因牌的不透明水彩顏料。

雖然我們在小學和初中的九年中一直都在使用顏料，但是它却是學生們普遍運用不好的畫材，因此我們要一步一步地重新學習。

彩色鉛筆作為輔助畫材，可以用來表現花紋、材料質感以及陰影。

這次我們使用的是即使在水彩上也有比較好的暈染效果的聖福德水彩鉛筆。

水槽
分為三層使用的水槽比較方便。一個用來洗，一個用來涮筆，還有一個稀釋用。

毛筆
使用兩種毛尖比較細長的毛筆。剛開始用的時候，要讓它充分地吸收溫水，一直到它完全散開不再粘連為止，然後讓筆晾乾，可以重複進行這樣的過程。

道具

細狼毫筆　中號羊毫筆　調色盤　白　黑　棕

藍綠色——孔雀藍
紅紫色——品紅
黃色——檸檬黃
黑色——象牙黑
白色——鈦白

深藍

不透明水彩顏料
所有的顏色都是用 C（藍綠色）、M（紅紫色）、Y（黃色）加上 K（黑色）這四種顏色組合出來的。首先在這四種顏色上再加上白色，湊齊五種顏色。一般的噴墨式打印機也是 CMYK 式的組合方式。

彩色鉛筆
彩色鉛筆可以在水彩顏料上重疊上色。首先要作為陰影的顏色，要有白、黑、棕色（紅、黃色系的陰影）和深藍色（藍、綠色系的陰影）。

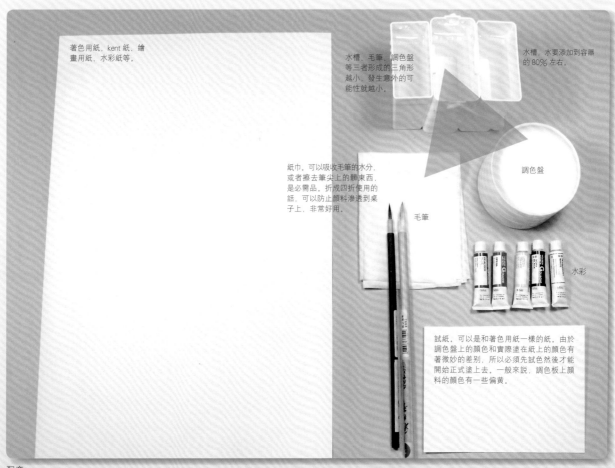

著色用紙，kent 紙，繪畫用紙，水彩紙等。

水槽、毛筆、調色盤等三者形成的三角形越小，發生意外的可能性就越小。

水槽，水要添加到容器的 80% 左右。

調色盤

紙巾，可以吸收毛筆的水分，或者擦去筆尖上的髒東西，是必需品。折成四折使用的話，可以防止顏料滲透到桌子上，非常好用。

毛筆

水彩

試紙，可以是和著色用紙一樣的紙。由於調色盤上的顏色和實際塗在紙上的顏色有著微妙的差別，所以必須先試色然後才能開始正式塗上去。一般來說，調色板上顏料的顏色有一些偏黃。

配套。

將桌子整理一下，以求更高的效率。習慣右手的人可以將水槽、調色盤、毛筆等擺成三角形放在自己的右手邊。如果醮有顏料的毛筆通過紙面上的話，有可能會突然滴下來，所以需要注意。

試著製作一個色相環

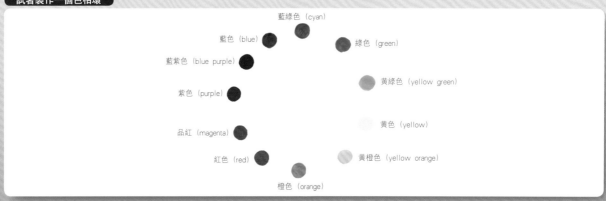

藍綠色（cyan）
藍色（blue）
綠色（green）
藍紫色（blue purple）
紫色（purple）
黃綠色（yellow green）
品紅（magenta）
黃色（yellow）
紅色（red）
黃橙色（yellow orange）
橙色（orange）

色相環就是色相（各種顏色）所組成的圓環。

先擠出小指指甲那麼大小的顏料。

將顏料塗在純白色的紙上的話，就會有很好的暈染效果。如果將 CMY 這三原色均等地混合，就會合成黑色。混合的顏料越多，顏色就越暗，因此，這被稱為 "減法混色"。

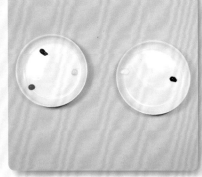

在調色板上放置 CMYK 四色和白色。光的顏色被稱為 "色光"，是用 R（紅）、G（綠）、B（藍）組合起來形成的。色光源色就是光本身，每次混色明度就會增加從而變亮，因此這被稱為 "加法混色"。如果將 RGB 均等混合起來的話就會變成了無色的狀態。

根據水量不同，顏色有時會深有時會淺，因此不要馬上就將顏色塗在正式的畫紙上，要先在試紙上看一看會出現什麼顏色，確定水量的合適度。

給毛筆沾上水，沾取一些顏料。

如果一直塗，就會出現濃淡不齊的情況，要等到它乾燥了以後，再塗一次試試，如果沒等到它乾燥就塗上去的話，有可能會把紙塗破。

等到水分合適，暈染效果也令人滿意之後，就可以開始上色了。 04

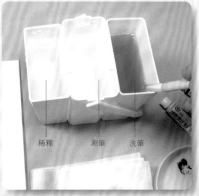

稀釋　　測筆　　洗筆

等到塗完之後，用水清洗一下畫筆。 05

在筆尖深處殘留的水彩也要用紙巾將其擠出來。 06

重複 03～06 的步驟，接下來是品紅色了。 07

黃色。 08

填充每兩個顏色間空隙，從藍綠色向品紅色移動，可以將品紅色和藍綠色相加，一點一點提高品紅色的比重，同樣地，在從品紅色到黃色，以及從黃色到藍綠色的過程中，也是用同樣的混色方法，完成整個色相環。

試著混色

肌膚色

米黃色

深藍色

從理論上說，僅用 CMYK 就可以將所有的顏色作出來。因爲我們可以利用畫紙的顏色，所以什麼都不塗也會有很好的色彩效果。

品紅色80%．

黃色20%．

水少許
(能夠讓顏料混合就可以了)．

首先從混合三原色的步驟開始，用品紅色和黃色制作三文魚般的粉紅色。如果是比較紅潤的肌膚的話，就要多放一些品紅色，若黃色多的話，膚色就會顯得很蒼白。

原液．

在水中添加原液後的狀態．

若要得到像肌膚的顏色那樣自然的色彩的話，就要將原液中加入水。將三文魚紅的原液放進水中，但是要注意，即使稀釋之後顏色也不會變淡。

水:顏料 = 95:5．
這才是肌膚的顏色。

水:顏料 = 80:20
顏色過濃。

水和顏料的比例不同，顏色會發生如此大的變化。

深藍

在製作比較深的顏色時，也要先從三原色的混合開始。在藍綠色裏加一點點品紅色，可以做出藍紫色。

將原液和黑色一點點地混合，讓它慢慢地變濃。05

米黃色

首先從三原色的混合開始。用品紅色和黃色作出橘紅色。06

由於米黃色相比肌膚色有點暗，所以要用混合了水的黑色來製作07

在其中加上橘紅色08

可以變化水和顏料的比例，作出自己想要的米黃色。09

★ phase14 的復習 ★
○ 顏料和彩色鉛筆的著色是基礎。
○ 顏色要利用 CMYK 製作。
○ 顏色的濃淡取決於水和顏料的比例，如果水多的話顏色就淺，如果水少的話顏色就濃。

next !! 開始上色啦！

The 3rd week

學會上色

練習 1（圓柱體的上色）

上色共有三個要點。
1. 要均勻地上色→筆尖的水分要多，上色的速度要稍微快一點。
2. 要考慮到立體感和起伏感來→設定光源，在陰影側要反復上色。
3. 陰影是在「整個圓柱體的陰影」、「部位的重合部分」、「褶皺」這三種地方形成的。

上色的基本方法就是「重疊上色」。這種技法通過在陰影部分使用同一種顏色反復塗層，這樣可以產生色彩的差距來，從而產生漸變效果。在這種技法中，水和顏料的比例是非常重要的。

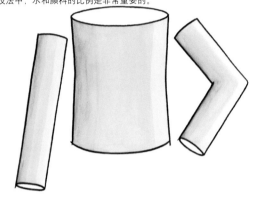

服裝就是各種大小的圓柱體的集合。沿著圓柱輪廓的某一側反復上色，就可以形成陰影。

整個圓柱體的陰影

首先要調色。調顏色之後，將原液中添加水，進行稀釋。要稀釋到相當程度，這是重疊上色的基礎。

水

顏料會從四周開始乾燥。如果取一些已經開始乾燥了的顏料上色的話，顏色會變濃，所以在第二次上色以後，可以試著使用這一部分的顏料。這樣，在重疊上色的過程中就可以表現出色彩的起伏感來了。

要充分混合顏料，不要讓它們分離。

從開始上色起，就一定要堅持到塗完為止，不能把毛筆抬起來。注意每次將毛筆從紙上抬起來，都會造成一處不均勻。

要沿著衣服的縱向接縫上色，這樣的話，即使突然的不均勻看上去也像是褶皺一樣，不會太引人注目。

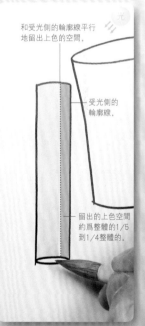

用毛筆上色的重點是對毛筆頭所含有的水分的量的把握。雖然比起顏料來，水的比例比較高，但是也不能讓紙張被水分給打得太濕了，為此可以用紙巾先將水分吸走，進行調整。

第一次上色（整體上色）。
要對整體進行上色。這樣，顏料的粒子就會均勻地擴散到整個濕潤的部分，不會形成不均勻的地方。當然，注意不要讓水分太少而引起乾塗的情況。

和受光側的輪廓線平行地留出上色的空間。

光

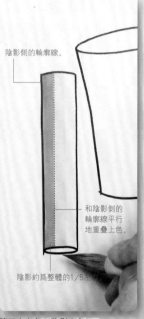

受光側的輪廓線

留出的上色空間約為整體的1/5到1/4整體的。

第二次上色（抽塗）。
添加上漸變效果。通過向陰影部分進行重疊上色的方法來表現出陰影來。

陰影側的輪廓線。

和陰影側的輪廓線平行地重疊上色。

陰影約為整體的1/5左

第三次上色（陰影上色）。
進一步給陰影部分進行重疊上色，這裏的顏色可以是自己所希望的顏色。

第四次上色（柔化）。
現在已經有了三個階段的漸變效果了，由於顏色的分段非常引人注目，所以要用只含有水分的毛筆對整體進行塗抹，讓邊緣變得柔和起來。

溢出部分的修正

其他的圓柱體也是同樣操作。事實上，並不是一個圓柱一個圓柱地按照 03～05 那種方法去做，而是一種顏色一種顏色地按照 03～05 那樣去做。

下面介紹一下如果在塗色的時候發生了溢出的情況的做法。

馬上用只含有水分的毛筆將顏料溶解。

干塗的修正

用力地壓上一塊紙巾，將顏料吸收。 10

如果發生了乾塗，使顏色不均勻。 11

用只含有水分的毛筆將顏料溶解。 12

用力地壓上一塊紙巾，將顏料吸收。 13

這樣，顏色就可以被吸走了。 14

再一次均勻地塗上去。這次一定要多吸收一點水分。 15

T 恤可以看做是對身體的圓柱和袖子的兩根圓柱來進行上色。

整個圓柱體的陰影

不要分袖子和身體，一次性全部塗完。

第一次上色（整體上色）。
要對整體部分進行上色。

和受光側的輪廓線平行地留出上色的空間。

留出的上色空間約為1/5到1/4的程度。

受光側的輪廓線。

第二次上色（抽塗）。
添加上漸變效果。通過向陰影部分進行重疊上色的方法來表現出陰影來。

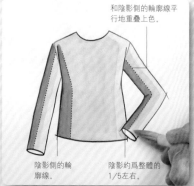

和陰影側的輪廓線平行地重疊上色。

陰影側的輪廓線。

陰影約為整體的1/5左右。

從第三次上色（陰影上色）到第四次上色（柔化）。
進一步給陰影部分進行重疊上色。這裏的顏色可以是自己所希望的顏色，當第三階段的漸變效果完成之後，用只含有水分的毛筆對整體進行塗抹，讓邊緣變得柔和起來。

練習 3（重疊穿著的上衣的上色）

不管穿多少層衣服，都可以看成是對一個個圓筒添加上陰影。

★ 整個圓柱體的陰影

和受光側的輪廓線平
行地留出上色的空間。

受光側的
輪廓線。

留出的上色空間約為整體的1/5到1/4。

從第一次上色（整體上色）到第二次上色（抽塗）。
在整體上色之后，添加上漸變效果。通過向陰影
部分進行重疊上色的方法來表現出陰影。

★ 陰影側的輪廓線

從第三次上色（陰影上色）到第四次上色（柔化）。
進一步給陰影部分重疊上色。這裏的顏色可以是
自己所希望的顏色，當第三階段的漸變效果完成
之後，用只含有水分的毛筆對整體進行塗抹，讓
邊緣變得柔和起來。

★ 部位重疊處的陰影

部位的分
界線。

因為將光源設定在右上角，所以在
部位分界線的左下角處形成陰影。

如果部位重疊的話，下面的項目將會形成陰影。

西服的上色

接下來才是正式的內容。如果大家明白了陰影添加的規律之後，就可以試著
給項目圓塗上顏色了。在西服上有著各種各樣的細節，但基本上就是各種大
小的圓柱體的集合，因此要將"整個圓柱"、"部位的分界線"、"褶皺"這三
個地方形成的陰影明確地表現出來。

★ 整個圓體柱的陰影

上色方向是沿著縱向的接縫進
行。在塗同一顏色的時候，不
要管細節，要一氣呵成。

如果實在難以沿著衣服
接縫的方向塗的話，橫
著上色也是可以的。

如果開始上色之後的話，一定要
堅持到最後塗完，不能將筆從紙上
拿起來。如果筆離開了紙面，就會
形成不均勻的地方。

第一次上色（整體上色）。
要對整體部分進行上色，這樣的話，顏料的粒子就會均勻地擴散到整個濕潤
的部分，不會形成不均勻的地方。

受光側的輪廓線。

留出的上色空間約爲整體的1/5到1/4。

和受光側的輪廓線平行地留出上色的空間。

第二次上色（抽塗）。
添加上漸變效果，通過向陰影部分進行重疊上色的方法來表現出陰影來。

和陰影側的輪廓線平行地重疊上色。

陰影約爲整體的1/5左右。

陰影側的輪廓線。

第三次上色（陰影上色）。
進一步給陰影部分重疊上色。這裏的顏色可以是自己所希望的顏色。

★ 部位重疊處的陰影

光

部位的分界線

因爲光源設定在右上角，所以在部位分界線的左下角處形成陰影。

如果部位重疊的話，下面部分將會形成陰影。

★ 褶皺的陰影

光

最常見的做法是添加在陰影側（在照片中爲褶皺線的左下方）。

陰影的厚度。

□的情況下，也要考慮到陰影的厚度，而在光源側也添加上陰影。

即使沒有褶皺線，也可以一邊觀察實物一邊添加上陰影，但是不要添加得太多了。

在褶皺線的左右任一側添加上陰影。

部件的分界線，在線條的陰影側（在照片中爲左下方）用重疊上色的方法添加上陰影是最常見的做法。

光

由於西服上已經形成了三個階段的漸變效果，所以只要用只含有水的毛筆對全體進行塗抹，對邊界進行柔化處理就可以了。

裏面穿的衣服也和西服一樣，在重疊的部分添加上陰影。

襯衫的上色

襯衫多爲白色，因此白色的襯衫只用表現陰影就可以了。因爲我們要用到襯衫底色的白色。

整個圓柱體的陰影

用水盡可能地稀釋黑色，顏料和水的比例是 5:95。

陰影側的輪廓線

陰影約爲整體
的1/5左右。

和陰影側的
輪廓線平行
地重疊上色。

陰影上色。
在陰影部分塗上黑色。

部位重疊處的陰影

部位的分界線，因爲光源設定
在右上角，所以在部位分界線
的左下角處形成陰影。

如果部件重疊的話，下面部分將會形成陰影。

03

褶皺的陰影

最常見的做法是添加在陰影側
（在照片中爲褶皺線的左下方）。

有的情況下，在光源
側也添加上陰影。

在褶皺線的左右任一側添加上陰影。

04

柔化

要用只含有水的毛筆對整體進行塗抹，對邊界進
行柔化處理，這樣整體上會變得圓潤柔和。

05

褲子的上色

褲子的襠部以上是一個圓柱體，襠部以下就分成了兩個圓柱體，襠部以下的兩個圓柱體都要添加上陰影，這一點要注意。

整個圓柱體的陰影

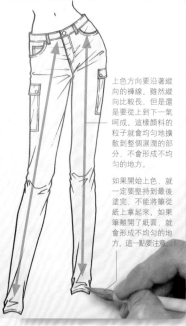

上色方向要沿著縱向的褲線，雖然縱向比較長，但是還是要從上到下一氣呵成，這樣顏料的粒子就會均勻地擴散到整個濕潤的部分，不會形成不均勻的地方。

如果開始上色，就一定要堅持到最後塗完，不能將筆從紙上拿起來，如果筆離開了紙面，就會形成不均勻的地方，這一點要注意。

第一次上色（整體上色）。
上色的時候要讓水分充分地將整體覆蓋。

受光側的輪廓線。

和受光側的輪廓線平行地留出上色的空間。

留出的上色空間約爲整體的1/5到1/4。

第二次上色（抽塗）。
添加上漸變效果。通過向陰影部分重疊上色的方法來表現出陰影來。

陰影（"整個圓柱體的陰影"、"部位的重合部分"、"褶皺"）

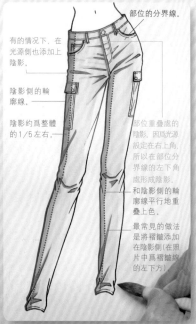

部位的分界線。

有的情況下，在光源側也添加上陰影。

陰影側的輪廓線。

陰影約爲整體的1/5左右。

部位重疊處的陰影。因爲光源設定在右上角，所以在部位分界線的左下角處形成陰影。

和陰影側的輪廓線平行地重疊上色。

最常見的做法是將褶皺添加在陰影側（在照片中爲褶皺線的左下方）

第三次上色（陰影上色）。
進一步給陰影部分重疊上色，這裏的顏色可以是自己所希望的顏色。

第四次上色（柔化）。
用只含有水的毛筆對整體進行塗抹，對邊界進行柔化處理，這樣整體上會變得圓潤柔和。

★ Phase15 的複習 ★
○ 將顏料稀釋，重疊上色以獲得比較濃的顏色，這是基礎。
○ 陰影一共有三種，即"整個圓柱體的陰影"、"部位的重合部分"、"褶皺"。
○ 如果材料本身就是白色的話，那麼可以不塗白色，只需加上陰影就可以了。

next !!
我們將嘗試各種各樣的上色方法！

上色方法（應用篇）

前一部分我們學習了上色方法，這種是通過將稀釋的顏色重疊上色而表現出陰影。

實際上，我們經常需要一些暈染效果更好的着色。

這一次我們一邊用更濃、暈染效果更好的顏色進行上色，一邊考慮如何才能作出陰影來。

濃重的重疊上色

要讓服裝材料的底色變得更濃的話，可以進行兩次整體上色。

整體陰影

上色方向是沿縱向的接縫起伏進行，在塗同一顏色的時候，不要管細節，要一氣呵成。

如果開始上色，就一定要堅持到最後塗完，不能將筆從紙上拿起來。如果筆離開了紙面，就會形成不均勻的地方，這一點要注意。

第一次上色（整體上色）。

要對整體部分進行上色。這樣的話，顏料的粒子就會均勻地擴散到整個濕潤的部分，不會形成不均勻的地方。

第二次上色（整體上色）。

再一次進行整體上色。這樣，材料的底色就會變得更濃，暈染效果也會更好。但是，如果這時塗得太濃的話，可能無法將服裝的質地表現得更好，所以需要注意，因此只用比較薄的顏色塗兩次就可以了。

陰影

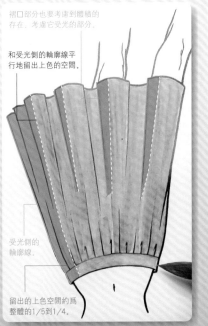

褶口部分也要考慮到體積的存在，考慮它受光的部分。

和受光側的輪廓線平行地留出上色的空間。

受光側的輪廓線。

留出的上色空間約為整體的1/5到1/4。

第三次上色（抽塗）。

添加上漸變效果。通過向陰影部分重疊上色的方法來表現出陰影。

陰影側的輪廓線，褶皺部分也要考慮到體積的存在，考慮它受光的部分。

和陰影側的輪廓線平行地重疊上色。

陰影約為整體的1/5左右。

最常見的做法是將褶皺添加在陰影側（在照片中為褶皺線的左下方）。

有的情況下，光源側也添加上陰影。

第四次上色（陰影上色）。

進一步給陰影部分（整個圓柱體的陰影以及褶皺的陰影）重疊上色。這裏的顏色可以是自己所希望的顏色。

第五次上色（柔化）。

用只含有水的毛筆對整體進行塗抹，對邊界進行柔化處理，這樣整體上會變得圓潤柔和。

像黑色那樣濃重的顏色，如果用重疊上色的方法，無論塗到什麼時候都不能得到陰影。因此我們要轉換思維，不是將它一層層變濃，而是讓它越塗越淡，這種方法就是抽塗了。

這次的水分要比重疊上色少一些，顏料和水的比例為 1：2，但是注意不要出現乾塗的情況。 **01**

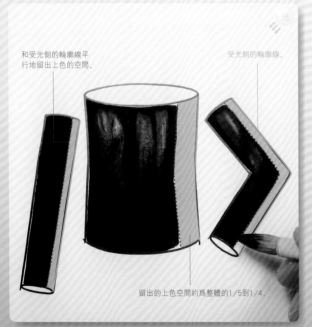

和受光側的輪廓線平行地留出上色的空間。

光

受光側的輪廓線。

留出的上色空間約為整體的 1/5 到 1/4。

在受光側留出上色的空間，同時注意不要讓底色溢出來，一定要仔細地上色。 **02**

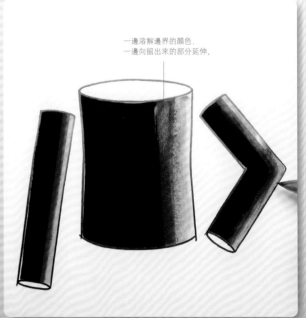

一邊溶解邊界的顏色，一邊向留出來的部分延伸。

用只含有水分的毛筆對邊界進行柔化處理，讓顏色變得均勻。 **03**

塗

我們來實際操作一下,給西服塗上顏色。雖然細節比較多,但是做法和圓柱體的時候是一樣的。

水分比重疊上色要少,顏料和水的比例大約爲 1:2,但是注意不要出現乾塗的情況。

衣服敞開的時候,如果稍讓領子內側的顏色淡一點的話比較好。

和受光側的輪廓線平行地留出上色的空間。

受光側的輪廓線。

留出的上色空間約爲身體的 1/5 到 1/4。

在受光側留出上色的空間,同時注意不要讓底色溢出來,一定要仔細地上色。

一邊溶解邊界的顏色,一邊向留出來的部分延伸。

用只含有水分的毛筆對邊界進行柔化處理,讓顏色變得均勻。

用白色的鉛筆將被蓋掉的線條重新描繪出來。

具有光澤的衣服的顏色的差別很大。明亮的地方會發白，而昏暗的地方則會變黑。這種顏色的差距要用漸變方式進行上色，這是它的重點。

★ 整個圓柱體的陰影 部位比較明顯的部分。

作爲褶皺的凸起并反光的部分。

作爲圓柱體並反光的部分。

第一次上色（重疊上色）。
留下受光側，薄薄塗上一層顏色。

第二次上色（重疊上色）。
將顏色比較淡的地方留出來，然后重疊上色。

用只含有水的毛筆對整體進行塗抹，對邊界進行柔化處理，這樣整體上會變得柔和。

部位重疊部分的陰影。

整個圓柱的陰影。

褶皺的陰影。

給陰影部分塗上黑色，表現出起伏感。

★ Phase16 的複習 ★
○ 如果想讓重疊上色的暈染效果更好的話，可以把材料的底色塗得更濃些。
○ 抽塗和重疊上色是相反的思維方式，是先塗濃，然後再一點點地柔化，稀釋。
○ 光澤上色可以讓光和影的差別更加明顯。反光處是白色，陰影處是黑色。

next !! 開始添加紋理！

材料表現1 布料紋理的簡單表現

現在，我們開始畫布料的質感了。

如果給布料作一個大致的分類，可以分成紡織物和編織物。這些材料也可以細分成兩類，那就是具有布料特有質感和紋理的布料，以及在紋理上添加上各種各樣花紋的布料。

這次我們將學習如何在紋理上添加花紋。

任何布料都是有紋理的。

所謂紋理，就是布料的縱向和橫向的編織線。

如果不能沿著正確的紋理剪裁的話，布料就無法保持形狀，所以衣服的下擺基本上和紋理是成直角或平行的。也就是說，沿著紋理印上去的花紋也和衣服的邊緣或者下擺成直角或平行的關係。

花紋可以直接在布料的顏色上添加。

如果在 B4 紙上表現的話，紋理大約會縮小到實際大小的 1/5 左右，所以不能一邊在近處觀察布料一邊如實地畫出來，而是要將其放在 2m 左右遠的地方，以表現出它的整體感來。

竪條的畫法

★ 練習1（圓柱體的竪條）

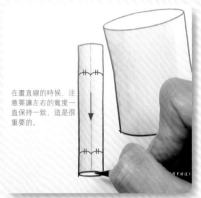

由於衣服可以看做是各種大小的圓柱體集合，所以可以試著給圓柱體添加上竪條。

在畫直線的時候，注意要讓左右的寬度一直保持一致，這是很重要的。

首先在圓柱體的中心畫上一根線。

條紋

條紋就是一系列連續的長條構成的紋理，其中可以分為竪條、橫條以及縱橫交錯的方格這三種。

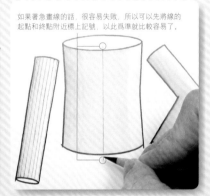

以中心線爲基準，兩邊間隔相同距離（平行）分別畫線。

基準

如果著急畫線的話，很容易失敗，所以可以先將線的起點和終點附近標上記號，以此爲準就比較容易了。

中央的圓柱體也是一樣，首先在圓柱的中心畫線。

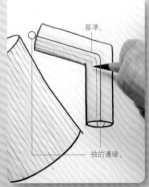

以中心線爲基準，兩邊間隔相同距離（平行）分別畫線。

基準

距離中心比較近的竪條與這根線平行。

距離輪廓比較近的線與這根線平行。

如果圓柱體中間有一點下凹，那麼線的形狀要一點一點地接近輪廓的形狀。

基準

袖的邊緣

彎曲的圓柱體的條紋基本上也要從中心線開始。

等間距地添加上線。

★ 練習2（簡單上衣的竪條）

在畫直線的時候，注意要讓左右的
寬度一直保持一致，這很重要。

身體的腋下部分由於裁斷而形成了
彎曲的形狀，因此不能像圓柱那樣
讓線與輪廓一致變成曲線。

基準。

後身樣式的展開圖。

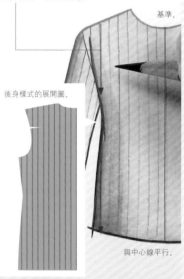

與中心線平行。

上衣是由代表袖子的兩個圓柱體和代表身體部分
的圓柱體構成的，畫的時候首先要從圓柱體的中
心畫線。 **01**

以中心線爲基準，兩邊間隔相同距離（平行）分
別畫線。 **02**

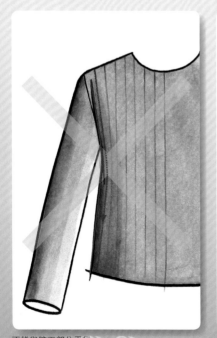

不能與腋下部分平行。 **03**

★ 練習3（重疊穿著的上衣的竪條）

以此爲基準，等間距地畫

外面上衣的基準線爲前門襟。 **01**

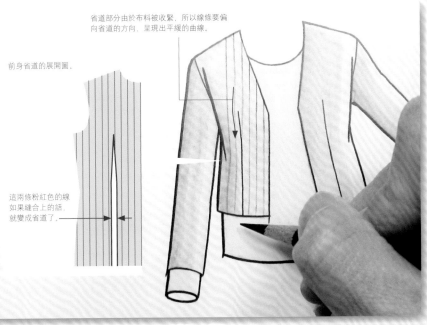

前身省道的展開圖。

省道部分由於布料被收緊，所以線條要偏向省道的方向，呈現出平緩的曲線。

這兩條粉紅色的線如果縫合上的話，就變成省道了。

在受光側的線條也要畫得淡一些。

左前身也是用一樣的方法添加豎條。

省道的位置。
平面的布要穿出立體的感覺，就必須有褶皺，這個就是省道。上衣是以胸圍爲基準來做省道。

★ 西服的豎條

從這裏開始是正式的内容，我們要很好地表現出圓柱體豎條的畫法以及由於省道造成布料收緊而使豎條形成曲線的樣子。

基準。
即使有褶皺也不必擔心。在設計圖中，與其說要表現布料的褶皺，體現精密的立體感，倒不如說表現花紋的規則性更加重要。

豎條要從袖子的中心線處開始添加。

下擺要稍微打開一些

外面上衣的基準爲前門襟。

敞開的上衣的基準就是前面對齊。

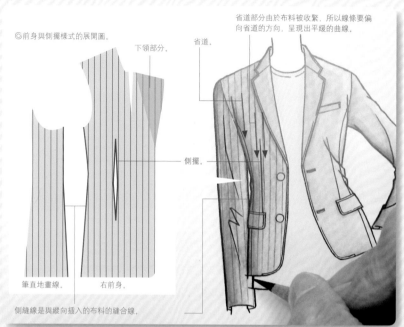

◎前身與側擺樣式的展開圖。

下領部分。

省道。

省道部分由於布料被收緊，所以線條要偏向省道的方向，呈現出平緩的曲線。

側擺。

這條線是基準。

筆直地畫線。

右前身。

側縫線是與縱向插入的布料的縫合線。

省道的縫線。

下領的豎條與邊緣幾乎是平行的。

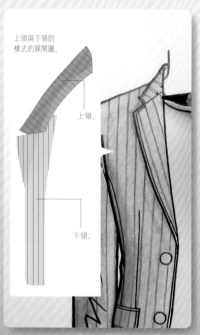

上領與下領的樣式的展開圖。

上領。

下領。

在上領的線與邊緣幾乎成直角。

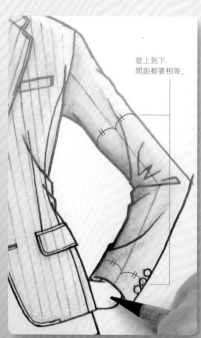

從上到下間距都要相等。

彎曲的袖子也要以中心線為基準線開始畫紋理。

★ 褲子的竪條

基準。
即使有褶皺也不必擔心，在設計圖中，與其說要表現布料的褶皺，體現精密的立體感，倒不如說表現花紋的規則性更加重要。

腰帶，由於縫線是橫向的，所以要沿著腰帶的線條拉線。

◎褲前樣式的展開圖。
從前中心斜著畫，如果左右合并起來的話，就會形成一個倒V字形。
這是重點。

左右兩腿要分別根據腿部動作考慮竪條的位置，這是要點。

竪條是從褲子的中心線開始添加的。要根據腿部的動作，等距離添加。

褲部的竪條不是與檔線平行的，而是要與中心線保持等間距。

根據中心線等間距地添加上竪條。

★ 百褶裙的竪條

如何表現腰帶部分的褶皺是重點。一種褶皺要有〝收束的感覺〞,一種褶皺
要有〝搖擺〞的感覺。

基準。
即使有褶皺也不必擔心。在設計圖
中,與其説要表現布的褶皺,體現
精密的立體感,倒不如説表現花紋
的規則性更加重要。

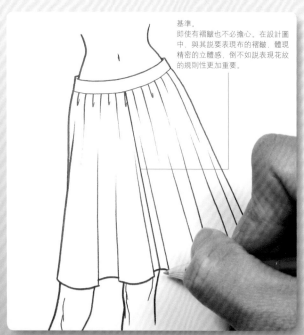

要從裙子的前中心線開始添加竪條。

01

由於腰帶是另一塊布料,所
以它的縫線與裙身是交叉并
且橫向的,因此添加竪條的
時候也要和腰帶的線條平行
地畫。

褶皺的部分是曲線,由
於布料被收束在一起,
所以要向中心集中,向
下呈放射狀。

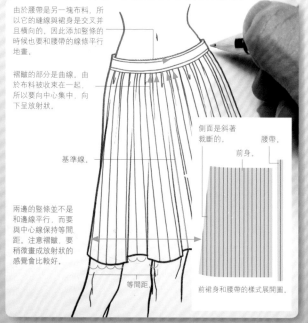

側面是斜著
裁斷的。

腰帶。

前身。

基準線。

兩邊的竪條並不是
和邊線平行,而要
與中心線保持等間
距,注意褶皺,要
稍微畫成放射狀的
感覺會比較好。

等間距

前裙身和腰帶的樣式展開圖。

以中心線爲基準,等間距地添加上竪條。褶皺部分由於立體感的原因而形
成了曲線,這一點要注意。

02

橫條的畫法

★ 練習1 (圓柱體的橫條)

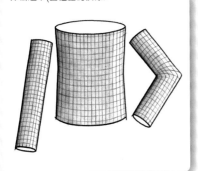

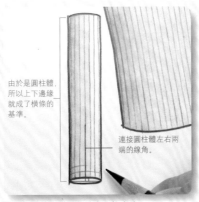

由於是圓柱體，所以上下邊緣就成為橫條的基準。

連接圓柱體左右兩端的線角。

我們試著給圓柱體添加上橫條。在很多情況下，橫條和豎條會由於立體感的原因而形成曲線，這是重點。剛才我們已經畫出了豎條，如果將豎條和橫條合在一起就成了方格。

與圓柱體的下擺平行地畫一根直線。

在第一根橫條上面等間距（平行）地畫更多的線。

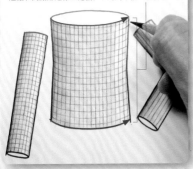

如果著急畫線，很容易畫失敗，所以可以先在線的起點和終點附近標上記號，以此為準就比較容易了。

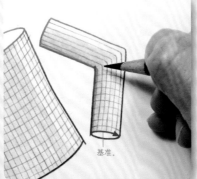

基準。

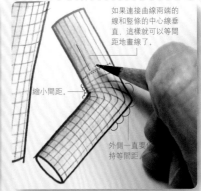

如果連接曲線兩端的線和豎條的中心線垂直，這樣就可以等間距地畫線了。

縮小間距。

外側一直要保持等間距。

中央圓柱體橫條的畫法也是一樣。首先在圓柱體下擺平行地畫線，然後在此上面等間距（平行）地畫更多的線。

彎曲圓柱體的橫條畫法也基本相同。首先在圓柱下擺平行地畫線，然後在此上面等間距（平行）地畫更多的線。

彎角的地方要縮小內側線條的寬度。

★ 練習2 (簡單上裝的橫條)

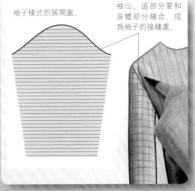

袖子樣式的展開圖。

袖山。這部分要和身體部分縫合，成為袖子的接縫處。

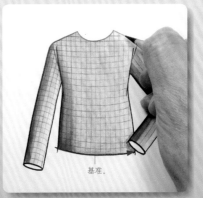

上裝是由代表袖子的兩個圓柱體以及代表身體部分的圓柱組成的，首先要畫一條和圓柱體下擺平行的線，然後等間距地畫更多的線。

基準。

身體部分橫條的畫法也是一樣。首先在圓柱體下擺平行地畫線，然後等間距（平行）地畫更多的線。

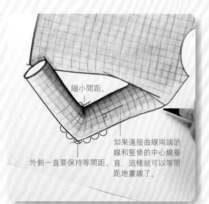

縮小間距。

外側一直要保持等間距。

如果連接曲線兩端的線和豎條的中心線垂直，這樣就可以等間距地畫線了。

彎角的地方要縮小內側線條的寬度。

★ 練習 3（重疊著裝上衣的橫條）

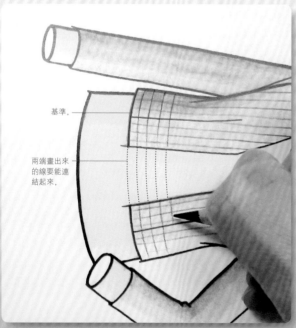

基準。

兩端畫出來的線要能連結起來。

即使衣服前邊是敞開的，也要讓線連結起來。 *01*

即使有一定的距離，但是仍然要和下擺平行。

在上面等間距（平行）地畫更多的線。 *02*

★ 西服的橫條

從這裏開始才是正式的內容。讓我們應用給圓柱體添加橫條的方法來畫西服的橫條。

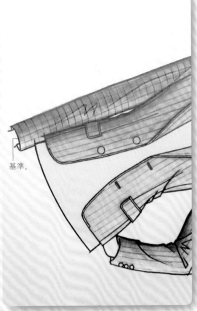

上裝是由代表袖子的兩個圓柱體以及代表身體部分的圓柱組成的。首先要畫一條和圓柱體下擺平行的線，然後等間距地畫更多的線。

兩端畫出來的線要能連結起來。

即使衣服前邊是敞開的，也要讓線連結起來。

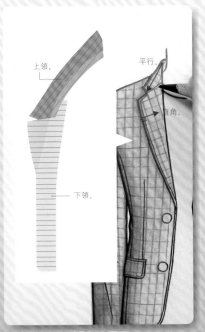

下領的橫條與邊緣幾成直角。上領的橫條與邊緣幾乎是平行的。**03**

如果連接曲線兩端的線和豎條的中心線平行，這樣就可以等間距地畫線了。

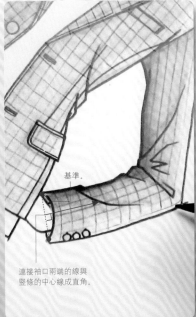

連接袖口的兩端的線與豎條的中心線成直角。**04**

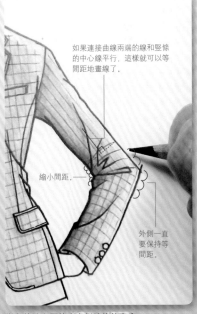

彎角的地方要縮小內側線條的寬度。**05**

★ 褲子的橫條

左右兩腿要分別根據腿部動作考慮橫條的位置，這是要點。

分成兩腿之後的第二根橫條與褲子口袋的蓋子相重合，注意左右兩邊要統一。

基准

畫橫條的時候，要將腰部和腿部分開來考慮。首先是腰部的橫條，它要與腰帶部分平行，等間距地添加上。

01

由於腰帶的縫線是橫向的，所以橫條是縱向的，要領和畫豎條時一樣，要注意等間距。

褲子下擺由於有腳背的原因，它的弧形是相反的。通過調整，要讓弧線在向上延伸的過程中逐漸變成向下的弧線。

等間距地添加上橫條。

02

★ 百褶裙的橫條

如何表現腰帶部分的褶皺是重點。

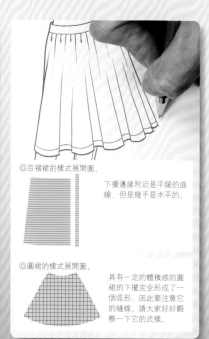

◎百褶裙的樣式展開圖。

下擺邊緣附近是平緩的曲線，但是幾乎是水平的。

◎圓裙的樣式展開圖。

具有一定的體積感的圓裙的下擺完全形成了一個弧形，因此要注意它的縫線，請大家好好觀察一下它的式樣。

橫條要沿著下擺平行地添加上去。

01

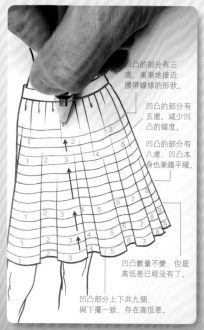

凹凸的部分有三處，漸漸地接近腰帶線條的形狀。

凹凸的部分有五處，減少凹凸的幅度。

凹凸的部分有八處，凹凸本身也漸趨平緩。

凹凸數量不變，但是高低差已經沒有了。

凹凸部分上下共九個，與下擺一致，存在高低差。

在向上延展的過程中，凹凸的數量在一點點地減少，越來越接近腰帶的形狀。

02

158

各種紋理花紋的畫法

★ 蘇格蘭格子

如果將竪條和橫條組合起來，就形成了方格。而在方格畫法中最複雜的就是蘇格蘭格子了，蘇格蘭格子不但顏色多，條紋粗細也是各種各樣。但是如果能按順序畫，就可以把它畫好。

先用繪圖筆畫一個四邊形作爲布料的樣品。

均勻地塗上紅色作爲底色，因爲是樣品，所以不需要陰影。

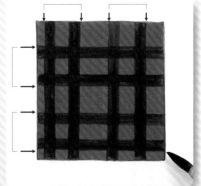

當花紋的顏色較多時，要從作爲基準的比較粗的線條（關鍵色）開始畫，這次用的是濃綠色，如果仔細觀察可以發現，它們是兩條成一組的，因此要用比較細的筆來畫。

由於重合部分的顏色變得比較深，所以要從上向下用綠色重疊上色。

在兩條一組的兩端塗上深藍色。

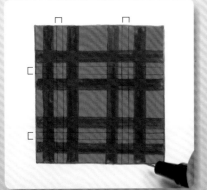

在兩條一組中央的紅色部分畫上黑色的線條。黑色要用 0.05 型繪圖筆。

在關鍵色的深綠色上添加黃色和白色。黃色位於兩條一組的外側，白色要位於兩條一組的內側。

在兩條一組的中心也畫上白色的線條。

★ 百褶裙上的蘇格蘭格子

當我們了解了蘇格蘭格子的構成後，就可以將它添加在裙子上了。

等間距。

由於褶皺，布料呈束狀，所以靠近邊緣的豎條就呈放射狀排列。

用紅色作爲布料的底色，在縱向添加上關鍵色深綠色。

光源設定在右上角，考慮到立體感的原因，要用"重疊上色"方法明確表現出濃淡關系。

橫條和豎條要一樣粗。

從下擺開始添加橫向的條紋。

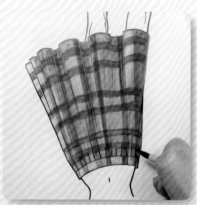

越接近腰帶處，凹凸就越接近平坦的弧形。

重合部分的顏色變得比較深，因此要從上到下重疊塗上綠色。

在兩條一組的兩端塗上濃重的深藍色。

在兩條一組中央的紅色部分塗上黑線，並在關鍵色上塗上黃色和白色，黃色位於兩條一組的外側，白色要位於兩條一組的內側。

在兩條一組的中心也畫上白色的線條。

用彩色鉛筆強調一下陰影，添加上起伏感，完畢。

★ 羊毛和編織物

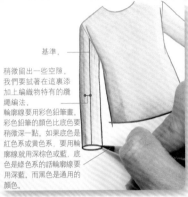

基準。

稍微留出一些空隙。
我們要試著在這裏添
加上編織物特有的纜
繩編法。
輪廓線要用彩色鉛筆畫。
彩色鉛筆的顏色比底色要
稍微深一點，如果底色是
紅色系或黃色系，要用輪
廓線就用深棕色或藍，底
色是綠色系的話輪廓線要
用深藍，而黑色是通用的
顏色。

以圓柱的中心爲基準線，在左右等間距地、細細
地添加上線條，表現出編織物的感覺。

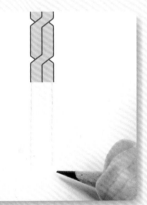

纜繩編法的練習。首先確定纜繩編法的粗度。

羊毛質地的柔軟感要用彩色鉛筆來表現。如果紙張的表面粗糙並有毛絨感的話會比較好。
編織物的針腳從遠處看很像豎條，編織物的針腳有很多種，這次我們來試著畫一下纜繩編法，它的特點
就是像繩子一樣。

如果直接畫纜繩編法，比較困難，
所以要想簡便的方法。首先要平行
地畫兩個「J」字形。

向下錯開半步，在對面再平行地畫
上兩個「J」字形，重複這個過程。

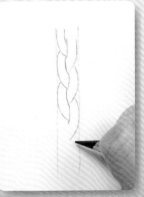

一邊注意保持纜繩的大小，一邊畫。

實際操作一下。

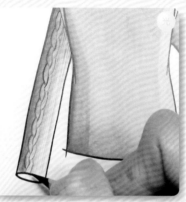

注意纏繩的大小要保持一致。

要將陰影側的線條畫得深一些並添加上起伏感。

用比底色更深（這次是深藍色）的彩色鉛筆的側面在表面上塗，作出粗糙的感覺以表現羊毛的毛絨感。注意要柔和地作螺旋動作，不要讓彩色鉛筆的線條被人看出來。

★ 燈芯絨

將自動鉛筆的鉛芯去掉，用它在畫紙表面上畫，首先是從中心線開始。

中心線。

以中心線爲基準，等間距地，細細地添加上線條。

用比底色更深（這次是深藍色）的彩色鉛筆的側面在表面上塗，作出粗糙的感覺以表現出燈芯絨的質感，注意要柔和地作螺旋動作，不要讓彩色鉛筆的線條被人看出來。

燈芯絨的特徵是表面有許多 3mm 左右的，細的，縱向條紋，由於表面是凹凸不平的，所以在畫的時候一定要將此體現出來。

★ 斑點

畫有斑點的花紋可以在已經做好的方格圖裏每隔一個交叉點畫上一個點，這是重點。

畫出方格。

調出圓點的顏色，稍微少放一些水，讓底色透不過來。

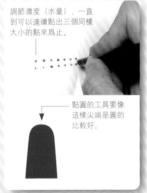

調節濃度（水量），一直到可以連續點出三個同樣大小的點來爲止。

點圓的工具要像這樣尖端是圓的比較好。

要畫出漂亮的圓點，可以用東西印上去這樣比較容易畫成功，所以，找一下身邊有半球狀的突起的東西，試一下。

在條紋的交叉點上每隔一個添加上一個圓點。04

當只需要畫半圓的時候，擋上一張紙就可以了。05

盡量不要碰圓點。

在完全晾乾了之後，用橡皮擦一遍就完成作品了。06

★ phase17 的複習 ★
○ 畫竪條的時候，首先在中間畫一條中心線，然後在左右以等間距添加上線條。
○ 橫條一般來說和下擺是平行的。
○ 複雜的方格如果分解來看的話，只是單純方格的集合體。
○ 通過觀察實物，或者樣式展開圖，了解紋理的特徵。

next !!　畫出更多的花紋！

材料表現2　各種布料的質感和花紋的表現

這次我們來畫各種布料特有的質感和花紋。

質感和花紋可以通過在布料上添加和底色一樣顏色的花紋的方法來表現。如果花紋和底色不是同一種顏色，可以用比底色更少的水，這樣會比較好。如果在B4紙上表現的話，花紋大約會縮小到實際大小的1/5左右，所以不能一邊在近處觀察布料一邊如實地畫出來，而是要將其放在2m左右遠的地方，以表現出它的整體感來。

丹寧布（牛仔褲）的畫法

丹寧布原產自法國小鎮Nimes，因此它的法文名為"Serge De Nimes"，這是種45°斜織嗶嘰布料，也是製作牛仔褲的常用布料。

口袋內和腰帶上的紋理是橫向的。

快速而乾脆地畫。

若是縱向的紋理，要朝著「／」的方向加上向上斜紋。

通過重疊上色塗上底色後，用比底色更深（這次用的是深藍色）的彩色鉛筆細細地添加上斜紋，角度為45°左右。

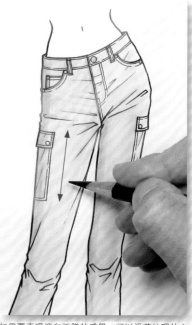

如果要表現縱向下墜的感覺，可以沿著紋理的方向用彩色鉛筆添加上去。丹寧布的縱向線是深藍色的，橫向線是漂白色，或者是未漂白的線，因此掌握由於脫色而產生的韻味是重點。

顏色比較淡的地方要用白色的彩色鉛筆勾畫。

03

如果將褶皺畫出深度的話，可以當即感受到縱向下墜的感覺。

然後用比底色更深（這次是深藍色）的彩色鉛筆添加上陰影，表現出整體的起伏感。

04

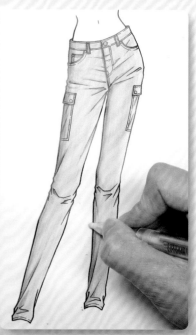

將溢出的顏色用橡皮擦去。

05

棉結蘇格蘭呢的畫法

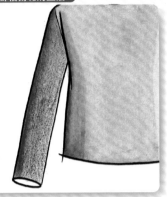

如果將筆尖打散的話，一次就可以畫多個小結似的點。

蘇格蘭呢是一種比較粗糙的仿毛織物，而棉結是指棉纖維糾纏而成的球狀小結。它的特徵是在布料的表面呈現各種各樣的顏色。

將筆尖打散，形成放射狀。

如果筆尖打得太散了，可以適當調整一下，稍微收縮一些。

將小指搭在畫面上可以使力量收放自如。

用毛筆輕輕地叩打畫面，力量要小且均衡。

添加上不同深度顏色，體現出立體感。

用比底色更深（這次是深藍色）的彩色鉛筆的側面在表面上塗，作出粗糙的感以表現蘇格蘭呢的質地。注意要柔和地作螺旋動作，不要讓彩色鉛筆的線條被人看出來。

毛皮的畫法

鉛筆線

畫出仿佛是從鉛筆線中長出毛來的感覺，用0.05型的筆畫。

毛的形狀不是「1」字形，而是「V」字形。

毛皮是用帶毛動物的皮經過鞣皮處理而做成的，這是人類最早能得到的材料。

用鉛筆畫草稿的時候可以用普通的線條來表現。

在描畫的時候添加上毛皮效果。

等墨水乾後（2分鐘左右），用橡皮擦拭。

薄薄地塗上底色，如果水分太少，即使畫出毛也看不到，所以需要注意。

用水份比較少的同一種顏色，從上到下畫出細毛來。

陰影部分要稍微用力以加重顏色，這樣可以體現出毛皮的厚度。

用比底色更深（這次是用棕色）的彩色鉛筆，進一步畫出細毛來。

用比底色更深（這次是棕色）的彩色鉛筆的側面在表面上塗，作出粗糙的感覺以表現出毛皮的質感。注意要柔和地作螺旋動作，不要讓彩色鉛筆的線條被人看出來。

豹紋的畫法

動物的毛皮的花紋是多種多樣的，其中最有名的就是豹紋了。豹紋是黑圓環狀的褐色斑點，這是它的特徵。

如果將只能看到一半的斑點也畫出來，看上去會顯得很完整而且真實。

首先用淡淡的米黄色畫出毛皮，然後添加上黑色的圓環，圓環是「O」形或者「C」形。

在圓環的裏面塗上褐色。

花朵紋樣的畫法

 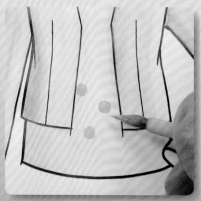 

以花朵爲題材的花紋有很多種，從真實的到藝術化的。

畫一個稍微有點歪曲的圓形，作爲花瓣。注意顏料要少放水，上色時不要讓底色透過來。

好像畫一個漩渦。

如果畫一個有波紋的漩渦，正好形成一個花朵的形狀。

用比底色更深的顏色畫出花瓣。

變換顏色和大小，再畫一種花紋。

畫出葉子。

用白色添加光澤。

有透明感的材料的畫法

★ 雪紡綢

雪紡綢是非常輕、非常薄，透明性很好的平織物。
雖然絲綢是它的基本材料，但是也有用人造纖維
等其他材料合織的。

先塗上底色，等到它完全乾燥後，在透明材料部
分進行描畫。 01

調出雪紡綢的顏色，其中比較薄的顏色要用混合
白色的方法製作。 02

要多加一些水，並輕快地上色。如果上色慢，會
讓底色溶解，因此要注意。 03

陰影部分也用同樣的顏色重疊上色。 04

用只含有水的毛筆進行塗抹，如果也不是輕快地
塗，會讓底色溶解，因此需注意。 05

★ 蕾絲

由於輪廓不清晰，所以要用白色的彩色鉛筆描畫出來。像這樣底色是黑色的情況下，輪廓線的顏色也要改變。

蕾絲是在透明度比較高的布料上添加了花紋的布料。用顏料畫出蕾絲的輪廓。如果繪圖筆中有蕾絲的顏色，應盡量使用繪圖筆。因為它比較細，可以畫出漂亮的蕾絲。

畫出編織的紋理，畫得越細越好。

玫瑰花的練習。玫瑰的基本形狀是漩渦形。

一邊畫出漩渦，一邊表現出漩渦的褶皺，這樣就成為玫瑰花了。「 」是線條相遇的地方。

畫出葉子來。

03　04　05

用醮上顏料的筆按以上的步驟畫出玫瑰花紋。

完畢。

06　07

★ 蕾絲式編織

這種材料的編織要一個一個地畫編織的節點，形狀是圓潤的四邊形。

繼續畫第二列、第三列，注意保持同樣的大小。

用比底色更深（這次是深藍色）的彩色鉛筆的側面在表面上塗，作出粗糙的感覺以表現出蕾絲的質。注意要柔和地作螺旋動作，不要讓彩色鉛筆的線條被人看出來。

★ phase18 的複習 ★
○ 布料表現要以彩色鉛筆爲主。
○ 用顏料重疊上色時，水分比較多會使下面的顏色透出來，需要注意。
○ 用顏料重疊上色時，如果要體現比較薄的顏色，可以使用白色。

next !! 我們來參考照片畫出設計圖！

看照片畫設計圖1 姿勢分析

我們要以樣品（照片）的姿勢和風格為參考，畫出8頭身的設計圖來。

在以雜誌等為參考畫設計圖時，重要的是要看出這幅照片適合不適合改編成設計圖。

也就是要選擇符合我們之前學過的各種姿勢原理的姿勢。

畫設計圖的過程：

草稿

· 身體：要根據服裝的感覺，考慮姿勢，並以8頭身和良好的平衡感畫出來。

· 著裝：要考慮到服裝的長度、體積感和構造，並為人物穿上服裝。仔細地畫出服裝的細節，到這個環節為止都是用鉛筆。

上色：

· 描畫：將草稿謄寫到著色用紙上。根據它的形象使用各種各樣的畫材進行描線。

· 著色：從塗底色到布料質感、花紋等等，認真地進行描繪。

上色：

· 髮型：配合服裝的感覺，進行各種各樣的髮型設計。

· 消失的線條的描畫：在畫的過程中，有的線可能會消失，因此還要將它們清楚地描出來。

· 輪廓的起伏感：為了給整體添加一點修飾，要給輪廓的線條加上強弱對比。

我們先再次確認在各個環節中的重要事項，然後繼續我們的課程。

連衣裙風格的姿勢分析

★ 照片的分析

為了能夠把握照片上的姿勢，首先要看腳的位置、腰圍線的傾斜程度以及中心線這三個點，這是很重要的。

★ 前頸點

在左右的後肩頸點上畫點。

連結兩點。

稍微有
一點長。
稍微有
一點短。

在前頸點上畫一個點，由於人體上身有點斜向，所以它比後肩頸點兩點連線的中點要靠裏一些。

★ 站立姿勢的分析
重心線。
如果是符合要求的站立照片，重心線應當與水平線成直角。

從前頸點開始向下畫一條直線，這就是重心線。

如果是符合要求的照片，要在支撐腿上畫圓圈。

05

在脚腕處添加上圓圈，距離重心線比較近的腿是支撐腿。可以看出，這是以左腿爲支撐腿的單腿重心姿勢。

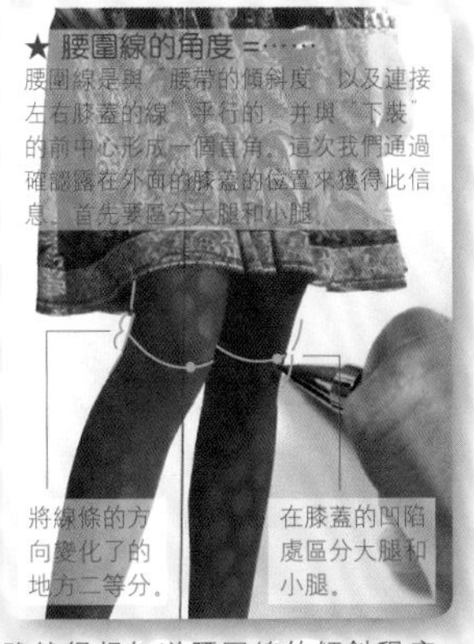
★ 腰圍線的角度
腰圍線是與"腰帶的傾斜度"以及連接左右膝蓋的線"平行的，并與"下裝"的前中心形成一個直角。這次我們通過確認露在外面的膝蓋的位置來獲得此信息。首先要區分大腿和小腿。
將線條的方向變化了的地方二等分。
在膝蓋的凹陷處區分大腿和小腿。

06

雖然很想知道腰圍線的傾斜程度，但是由於腰部隱藏在服裝裏面，所以看不見。在這種情況下，需要從腰圍線影響的其他線條推導出來就可以了。

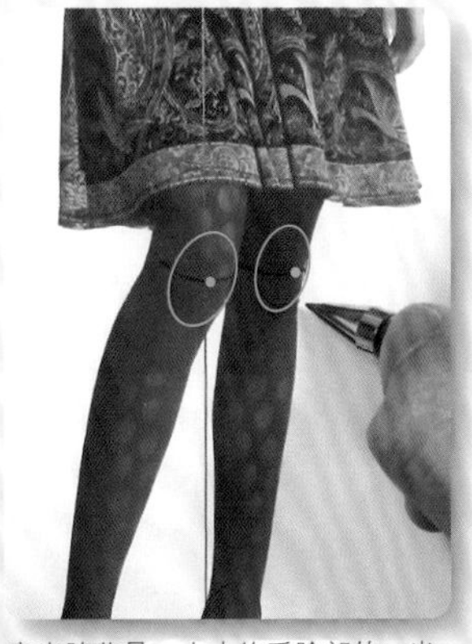

07

畫出膝蓋骨，大小約爲臉部的一半。

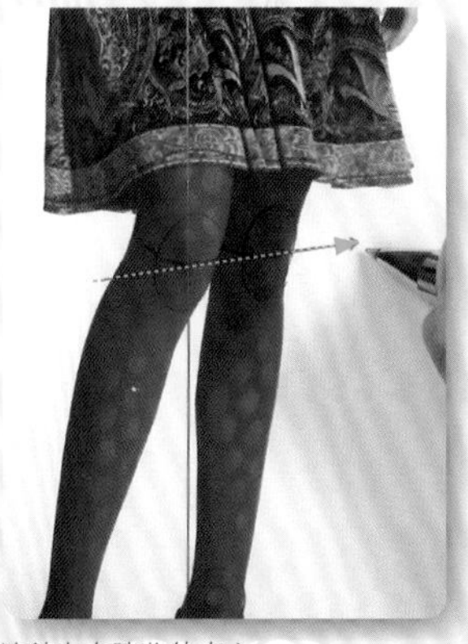

08

連結左右膝蓋的中心。

09

還要看一下連衣裙的下擺的傾斜度，在下擺的兩端畫上點。

10

連接下擺的兩端。由於連衣裙的腰部沒有束帶，所以它的下擺並不像腰圍線那樣傾斜。

11

將左右的脚腕也連接起來。可以看出，脚腕的連結線、裙擺的連結線和膝蓋的連結線都是向著同一個方向傾斜的。

腰圍線因爲和下垂手臂的肘部位置是一樣的，所以可以以此爲標準。
腰圍線
平行。

12

與連結左右膝蓋的線平行地作出腰圍線來。

★ 中心線

由於中心線是作為服裝的前中心的線，所以在V處也有凹陷。

除去服裝的體積感，試著描繪一下身體的曲線。

找到腰圍線之後，將其與前頸點連接起來。

由於人物稍微有些傾斜，所以中心線形成一個以胸部為頂點的山形。

由於人物稍微有些傾斜，所以朝向大腿的地方稍微形成「J」字形。

→ 腰圍線。

從腰點開始，與腰圍線垂直地畫一根線的話，就是腰部的中心線。

15

為了能夠找出平緩地連接到臉部的角度，可以將脖子完整地畫出中心線。

畫出脖子的中心線。

16

→ 腰圍線。

分析完畢。

17

短裙風格的姿勢分析

★ 前頸點

在左右的後肩頸點上畫點,連接兩點。

在前頸點上畫一個點,由於身體是朝向正面的,所以它位於後肩頸點的兩點連線的正中央。

★ 站立姿勢的分析

重心線。

若是符合要求的照片、重心線應當和水平線形成直角。

從前頸點垂直向下畫一根線,這就是重心線了。

在這個姿勢裡重要的支撐腿上。

在腳腕上畫圓圈,距離重心線比較近的那條腿為支撐腿,可以看出這是以右腿為支撐腿的單腳重心姿勢。

★ 腰圍線的角度

腰圍線是與「腰帶的傾斜度」以及「連結左右膝蓋的線」平行的,並與「下裝」的前中心形成一個直角,因為圖中的腰帶能看到,因此我們將這條線作為有傾斜度的腰圍線。

腰圍線與垂下手臂的手肘是同一個位置,因以將它作為基準。

腰圍線。

與連結左右手臂的線條平行地畫出腰圍線來。

★ 中心線

腰圍線。

直角

中心線位於短裙的前接縫處，與腰圍線成直角，由於是人物正面朝向，所以中心線是一根直線。

前頸點。

腰點。

連接腰點和前頸點畫出身體的中心線。由於身體是朝向正面，所以中心線是一根直線。

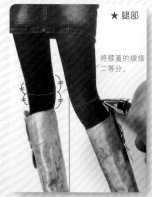

★ 腿部

將膝蓋的線條二等分。

腿部要區分大腿和小腿。

09

畫出膝蓋骨，大小約爲頭部的一半左右。

10

將左右膝蓋的中心，以及兩個脚腕的中心連接起來，可以看出，這兩根線都與腰圍線向同一個方向傾斜。

爲了能夠找出平緩地連接到臉部的角度，可以將脖子完整地畫出來選擇中心線。

畫出脖子的中心線。

12

腰圍線。

分析完畢。

13

長褲風格的姿勢分析

★ 站立姿勢的分析

由於身體有點傾斜，所以前頸點要比後肩頸點的中點靠裏一些。

在左右的後肩頸點上畫點，並連接這兩點。

重心線。

如果是符合要求的站立照片，重心線應當與水平線成直角。

從前頸點上垂直向下畫一根線，查看一下身體重到底靠哪條腿支撐著。

從前頸點向下畫一條直線，查看一下身體的重心究竟落在哪條腿上。

★ 腰圍線的角度＝……

腰圍線和「腰帶的傾斜度」以及「連接左右膝蓋的線」是平行的，並與下裝的前中心「成直角，這次由於腰帶下面的部分可以看見，所以可以直接畫出來。

將腰帶下用直線連接起來，這就是腰圍線的傾斜度了。

與腰帶的傾斜度平行地畫出腰圍線。

畫出膝蓋骨。

連接左右的膝蓋和腳腕的中心。由於游離腿不是向前，而是向水平方向邁出去，因此連接左右腳腕的線是水平的。

中心線的位置在褲子的前接縫處，與腰圍線形成直角。由於身體是傾斜的，所以中心線在半途中會發生彎曲，變成「J」字形。

連接腰點與前頸點，畫出身體的中心線。由於人物有點傾斜，所以中心線形成一個以胸部為頂點的山形。

畫出脖子的中心線。

分析完畢。

★ phase19 的複習 ★

○ 照片的姿勢分析，最重要的是要看腳的位置、腰圍線的傾斜程度和中心線這三點。

○ 由於衣服遮蓋而無法看見的部分，可以通過觀察其他看得見的部分（服裝的下擺或者前中心）來確定具體位置。

○ 服裝的前中心和中心線是一樣的，而且非常重要。

○ 中心線只有在人體是朝向正面的時候才是直線的。

next !! 以照片分析為基礎畫出設計圖來！

看照片畫設計圖2　畫設計圖

我們要以phase19中照片的姿勢分析爲基礎，畫出設計圖。
這部分的重點是不要單純地摹寫照片，而是要用8頭身的比例畫出與照片中一樣的姿勢（以下步驟都是在B4紙上進行）。

連衣裙風格的設計圖

★ 一定要做好平衡檢查

將附錄中的框架圖墊在畫紙下面，複製重心線以及身體的平衡點。

★ 先確定脖子的位置再確定臉的位置

在前頸點上畫一個點，並畫出脖子的中心線，注意要和照片的角度保持一致。

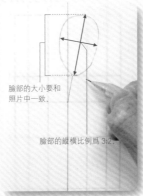

臉部的大小要和照片中一致。

臉部的縱橫比例爲3:2。

畫出臉部的輪廓。

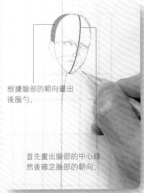

根據臉部的朝向畫出後腦勺。

首先畫出臉部的中心線，然後確定臉部的朝向。

安排臉部的平衡，畫出各個部位。

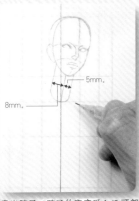

—5mm。

8mm。

畫出脖子，脖子的寬度爲1/2頭部寬（1.3cm）。由於人物稍微傾斜，因此考慮到遠近感的緣故，左右的寬度不一樣，前面的寬度比較大。

★ 稍微傾斜的身體

身體的大小要與這個框架相一致。

由於人物稍微傾斜，因此以胸高點爲頂點形成了一個突起，突起約1mm。

畫出身體的中心線。注意與照片保持一個角度。

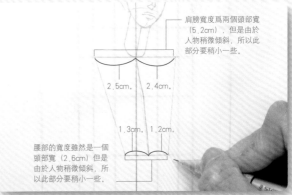

肩膀寬度爲兩個頭部寬（5.2cm），但是由於人物稍微傾斜，所以此部分要稍小一些。

2.5cm。　2.4cm。

1.3cm。　1.2cm。

腰部的寬度雖然是一個頭部寬（2.6cm）但是由於人物稍微傾斜，所以此部分要稍小一些。

畫出身體。由於人物稍微傾斜，因此考慮到遠近感的緣故，左右的寬度不一樣。前面的寬度比較大。

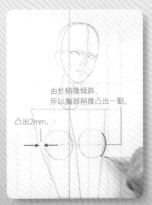

由於稍微傾斜，所以胸部稍微凸出一點。

凸出2mm。

畫出胸部。

★ 腰部稍微傾斜

腰點。

畫出有傾斜角度的腰圍線並標出腰點。

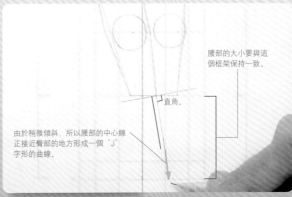

腰部的大小要與這個框架保持一致。

直角。

由於稍微傾斜，所以腰部的中心線正接近臀部的地方形成一個 "J" 字形的曲線。

與腰圍線垂直地畫出腰部的中心線。

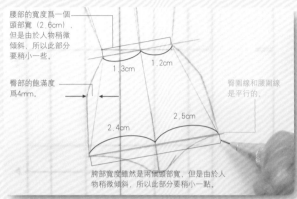

腰部的寬度為一個頭部寬（2.6cm），但是由於人物稍微傾斜，所以此部分要稍小一些。

1.3cm　1.2cm

臀圍線和腰圍線是平行的。

臀部的飽滿度為4mm。

2.5cm

2.4cm

胯部寬度雖然是兩個頭部寬，但是由於人物稍微傾斜，所以此部分要稍小一點。

畫出腰部和臀部的細節。

11

★ 腿從支撐腿開始畫

支撐腿在重心線附近。

重心線。

畫出支撐腿的腳腕。

12

將兩個大腿關節，嚴格地說是大腿根部，和兩個腳腕分別用一根直線連接起來。

13

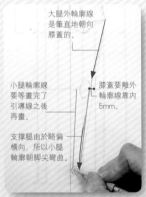

大腿外輪廓線是筆直地朝向膝蓋的。

小腿輪廓線要等畫完了引導線之後再畫。

膝蓋要離外輪廓線靠內5mm。

支撐腿由於略偏橫向，所以小腿輪廓朝向腳尖彎曲。

畫出膝蓋及腿部的外輪廓線。

14

小腿肚的突起要在第6頭身處。

⑥

小腿是一個平緩的凸起。

15

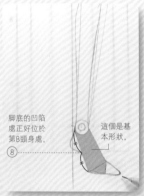

腳底的凹陷處正好位於第8頭身處。

這個是基本形狀。

⑧

畫出腳。

16

腰圍線。

該腳腕的位置在照片中看的話位於肩關節附近。

確定膝蓋和腳腕的位置。

17

大腿內側的最初的幾厘米（1cm）要有一些圓潤的感覺，因此要把內褲褲腿的延長線變成曲線。

由於游離腿可以自由地活動，所以它和手臂一樣可以"一個部位一個部位"，也就是說將"大腿"和"小腿"分開畫比較好。

18

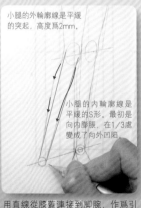

小腿的外輪廓線是平緩的突起，高度為2mm。

小腿的內輪廓線是平緩的S形。最初是向內膨脹，在1/3處變成了向外凹陷。

用直線從膝蓋連接到腳腕，作為引導線。

19

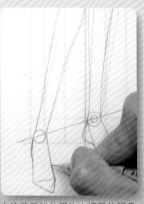

由於游離腿的腳比支撐腿的腳靠前，因此可以畫得大一些。

20

★ 肩膀是獨立可動的

一定要經過前頸點。

添加上肩線的動作。

21

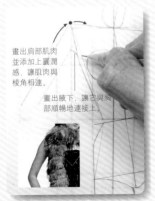

畫出肩部肌肉
並添加上圓潤
感，讓肌肉與
棱角相連。

畫出腋下，讓它與腳
部順暢地連接上。

畫出上臂。 **22**

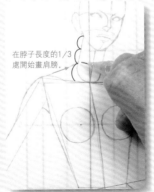

在脖子長度的1/3
處開始畫肩膀。

畫出肩膀。 **23**

畫出斜向下的手背，
要畫成平行四邊形的形狀。

前臂是由於遠近感而容易發生變化
的部位，因此可以先畫出手，這樣
不容易失去平衡感。

畫出手指。由於中指到小指經常一
起活動，所以可以一起畫。

將三根手指分開，從中指開始依次
變短。 **26**

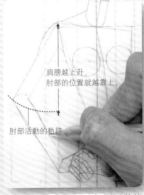

肩膀越上升，
肘部的位置就越靠上。

肘部活動的軌跡

連接肘部和手腕，添加上前臂的飽
滿感。 **27**

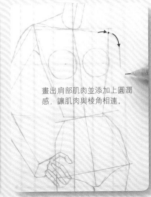

畫出肩部肌肉並添加上圓潤
感，讓肌肉與棱角相連。

畫出上臂。 **28**

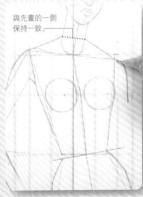

與先畫的一側
保持一致。

畫出肩膀。 **29**

肩膀越下降，
肘部的位置就
越靠下。

腰圍線。

畫出上臂。 **30**

畫出前臂。 **31**

畫出手背。 **32**

拇指好像是從手腕
中生出來一樣。

畫出手指。 **33**

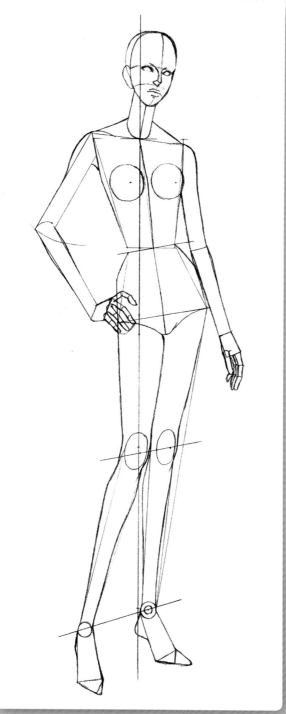

完畢。

34

短裙風格的設計圖

★ 先確定脖子的位置再確定膝的位置

首先將附錄中的框架圖墊在畫紙下,複製重心線以及身體的平衡點。

在前頸點上畫一個點並畫出脖子的中心線,注意要和照片的角度保持一致。

首先畫出臉部的中心線,然後確定臉部朝向。

臉部的大小要和照片中一致。

根據臉部的朝向畫出後腦勺。

畫出臉部的輪廓並調整平衡。

02

畫出脖子,寬度為1/2頭部寬(1.3cm)。由於身體幾乎是朝向正面的,所以中心線左右的寬度是一樣的。

03

★ 稍微有些傾斜的肩膀

由於身體是正面朝向,所以中心線是直線。

肩膀的大小與這個框架相一致。

畫出身體的中心線,注意要和照片的角度保持一致。

04

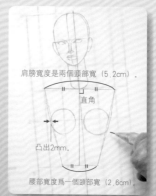

肩膀寬度是兩個頭部寬(5.2cm)。

直角

凸出2mm

腰部寬度為一個頭部寬(2.6cm)。

畫出身體。

05

★ 稍微有些傾斜的腰部

腰點

腰圍線

畫出腰點,注意要和照片的角度保持一致。

06

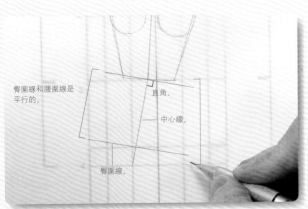

臀圍線和腰圍線是
平行的。

直角。

中心線。

臀圍線。

畫出腰部中心線和臀圍線。 07

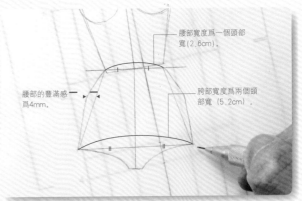

腰部寬度爲一個頭部
寬(2.6cm)。

腰部的豐滿感
爲4mm。

胯部寬度爲兩個頭
部寬（5.2cm）。

畫出腰部和臀部。 08

★ 腿部要從支撐腿開始畫

支撐腿要位於重
心線附近。 一重心線。

畫出支撐腿的脚腕。 09

用直線將大腿關節，嚴格地説是大
腿根部，和脚腕連接起來。 10

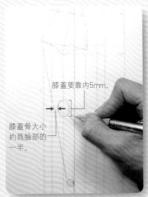

膝蓋要靠內5mm。

膝蓋骨大小
約爲臉部的
一半。

畫出膝蓋。 11

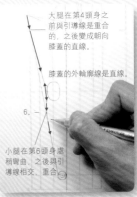

大腿在第4頭身之
前與引導線是重合
的，之後變成朝向
膝蓋的直線。

膝蓋的外輪廓線是直線。

6.

小腿在第6頭身處
稍彎曲，之後與引
導線相交、重合

畫出外輪廓線。 12

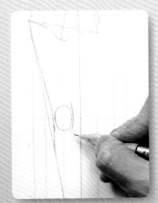

膝蓋的內輪廓線要添加上圓潤感。 13

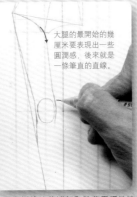

大腿的最開始的幾
厘米要表現出一些
圓潤感，後來就是
一條筆直的直線。

大腿內側的線將襠部和膝蓋平緩地連
接起來。 14

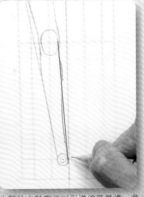

小腿的內輪廓線以引導線爲基準，是
一個平緩的 S 形。 15

這個形狀是
基本。

脚底的凹陷處正好是第8頭身。

畫出脚部。 16

脚腕的位置在照片上看的話是在手肘的外側。

畫出連接左右膝蓋以及脚腕的線，確定膝蓋和脚腕的位置。

由於沒有支撐體重的腿可以自由地活動，所以它和手臂同樣可以"一個部件一個部件"，也就是說將"大腿"和"小腿"分開來畫比較好。

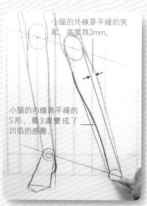

小腿的外線是平緩的突起，高度爲2mm。

小腿的內線爲平緩的S形，最3處變成了凹陷的感覺。

用直線從膝蓋連接到脚腕，作爲引導線。

由於游離腿的脚比支撐腿的脚靠前，所以由於遠近感的原因，可以畫得大一些。

★ 肩膀是獨立可動的。

一定要經過前頸點。

肩膀從脖子長度的1/3處開始畫。

添加上肩線的動作。**21**

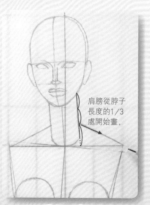

畫出肩膀。**22**

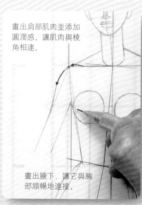

畫出肩部肌肉並添加圓潤感，讓肌肉與棱角相連。

畫出腋下，讓它與胸部順暢地連接。

畫出上臂。**23**

畫出斜向下的手背。要畫成平行四邊形的形狀。

前臂是由於遠近感而容易發生變化的地方，因此可以先畫出手，這樣不容易失去平衡感。

畫出手指。由於從中指到小指經常一起活動，所以放在一起畫。**25**

將三根手指分開，從中指開始依次變短。**26**

肘部活動的軌跡。

連接肘部和手腕，添加上前臂的飽滿感。**27**

畫出肩部肌肉並添加上圓潤感，讓肌肉與棱角相連。

畫出上臂。**28**

畫出上臂的外輪廓線。

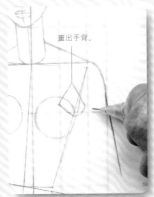

畫出手背。

當手臂有動作的時候，可以先畫出手背，這樣不容易失去平衡感。

畫出手指。

畫手指。

連接肘部和手指，添加上前臂的豐滿感。

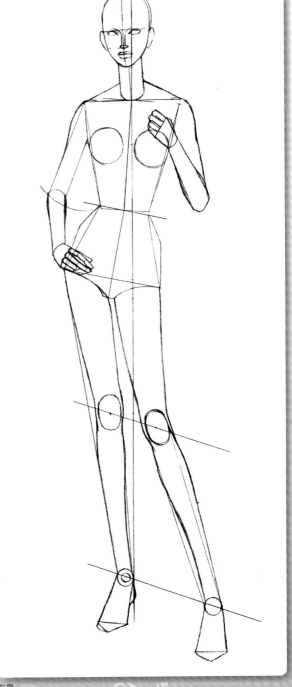

完畢。

★ 先確定脖子的位置再確定臉的位置

首先將附錄中的框架圖墊在畫紙下，複製重心線以及身體的平衡點。

在前頸點上畫一個點並畫出脖子的中心線，注意要和照片的角度保持一致。 01

首先畫出臉部的中心線，然後確定臉部朝向。

根據臉部的朝向畫出後腦勺。

臉部的大小要和照片中一致。

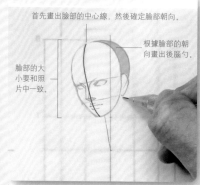

畫出臉部的輪廓，調整平衡。 02

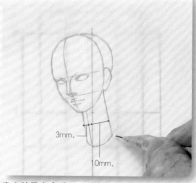

3mm

10mm

畫出脖子寬度為1/2頭部寬（1.3cm）。由於人物稍微傾斜，所以左右的寬度不一樣，前面的寬度比較大一點。 03

★ 稍微傾斜的身體

由於人物稍微傾斜，因此以胸高點為頂點形成了一個突起，突起約為3mm左右。

身體的大小要與照片中一致。

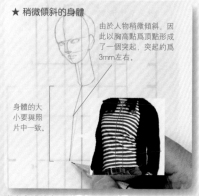

畫出身體的中心線，注意與照片保持一個角度。 04

肩膀寬度不到兩個頭部寬，由於人物稍微傾斜，所以此處要稍小一些。

3cm   1.8cm

由於稍微傾斜，所以胸部稍微突出身體並形成立體感。

身體的隆起為6mm

1cm   1.5cm

腰部的寬度不到一個頭部寬。由於人物稍微傾斜，所以此處要稍小一些。

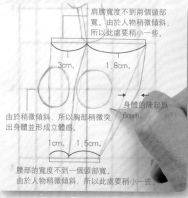

畫出身體。由於人物稍微傾斜，所以左右的寬度不一樣，前面的寬度比較大。 05

★ 稍微傾斜的腰部。

腰點

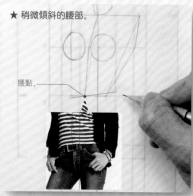

畫出腰點。 06

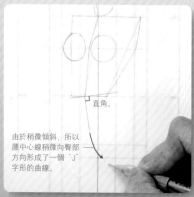

直角。

由於稍微傾斜，所以腰中心線稍微向臀部方向形成了一個「J」字形的曲線。

與腰圍線垂直地畫出腰部的中心線。 07

腰部的寬度不到一個頭部寬。人物稍微傾斜，所以此處要稍小一些。

1cm

臀部的飽滿為6mm

腰部的飽滿為3mm

1.5cm

1.8cm   3cm

跨部寬度不到兩個頭部寬。由於人物稍微傾斜，所以此處要稍小一些。

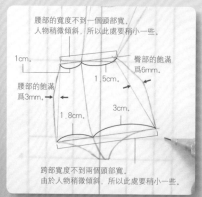

畫出腰部和臀部。 08

★ 先畫支撐腿

支撐腿，在重心線附近。

重心線

畫出支撐腿的腳腕。 09

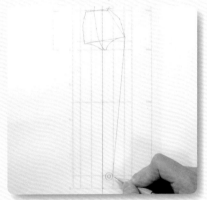

將大腿關節，嚴格地説是大腿根部，和腳腕用一根直線連結起來。

10

大腿的外輪廓線在第4頭身之前與引導線是重合的，之後便成朝向膝蓋的直線。

膝蓋要靠內5mm。

小腿的外輪廓線在第5頭身處由內向外形成角度，之後又與引導線相交、重合，支撐腿由於相比游離腿偏橫向，因此小腿是朝向腳尖處彎曲的。

畫出膝蓋和外輪廓線。

11

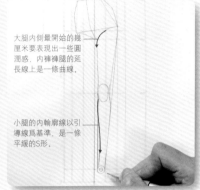

大腿內側最開始的幾厘米要表現出一些圓潤感，內褲褲腿的延長線上是一條曲線。

小腿的內輪廓線以引導線爲基準，是一條平緩的S形。

畫出內輪廓線。

12

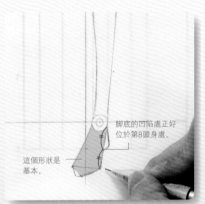

腳底的凹陷處正好位於第8頭身處。

這個形狀是基本。

畫出腳。

13

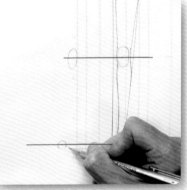

畫出連接左右膝蓋和腳腕的線，確定膝蓋和腳腕的位置。

14

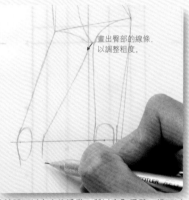

畫出臀部的線條，以調整粗度。

游離腿可以自由地活動，所以它和手臂一樣可以"一個部位一個部位"，也就是説將"大腿"和"小腿"分開來畫比較好。

15

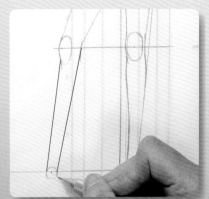

用直線從膝蓋連接到腳腕，作爲引導線。

16

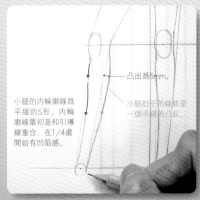

凸出爲5mm。

小腿的內輪廓線爲平緩的S形，內輪廓線最初是和引導線重合，在1/4處開始有凹陷感。

小腿肚子的線條是一個平緩的凸起。

以直線爲引導線，畫出小腿的彎曲感。

17

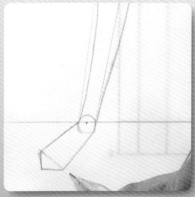

游離腿的腳尖顯得很平。

18

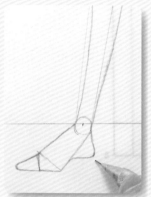

畫出腳跟和腳尖。

19

★ 肩膀是獨立可動的前頸點

一定要經過前頸點。

添加上肩線的動作。

20

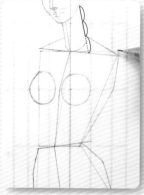

畫出肩膀。

21

讓肌肉與棱角相連。

畫出肩膀的肌肉。

22

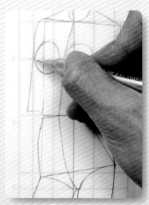

畫出上臂。

23

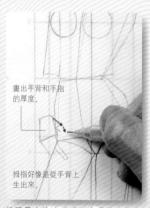

畫出手背和手指的厚度。

拇指好像是從手背上生出來。

前臂是由於遠近感而容易發生變化的地方，因此可以先畫出手，這樣不容易失去平衡感。

24

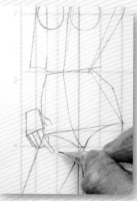

分別畫出其他四根手指。

25

隨著肩膀的上揚，肘部的位置也會靠上。

前臂比較細。

連接肘部和手腕，畫出前臂。

26

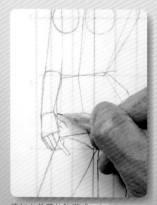

添加上前臂的飽滿感。

27

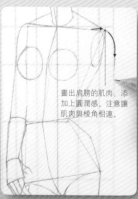

畫出肩膀的肌肉，添加上圓潤感。注意讓肌肉與棱角相連。

畫出上臂。

28

隨著肩膀的下降，肘部的位置也會靠下。

畫出上臂。

29

畫出手背。

先畫手背。

30

186

拇指好像是從手背
上生出來的。

畫出手指。

分別畫出其他四根手指。

連接肘部和手腕，畫出前臂。

前臂比較細。

添加上前臂的飽滿感。

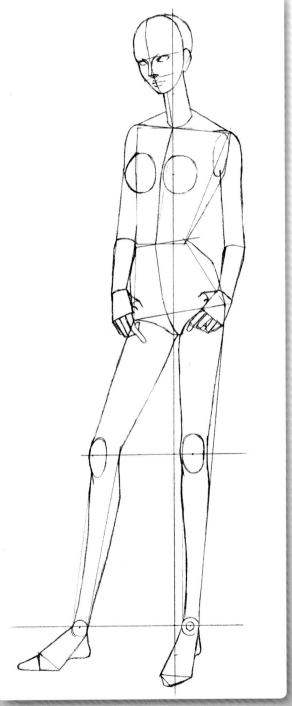

完畢.

★ phase20 的複習 ★
○ 只要仔細地觀察分析過的照片，就肯定能夠畫出完
　整的設計圖。
○ 因為要用8頭身來畫，所以要將框架圖墊在畫紙下面。
○ 參考各種各樣的照片，嘗試畫各種各樣的姿勢。

next !! 穿上衣服，完成草稿！

看照片畫設計圖❸　畫著裝圖

我們要給在 phase20 中畫的設計圖穿上衣服圖，重點是要給衣服添加上合適的富餘空間。

連衣裙風格的著裝圖

★ 輪廓

中心線。

體現毛皮的體積感。

由於人物稍微傾斜，所以左右的寬度不一樣，前面的寬度比較大。

由於腰圍線是傾斜的，所以裙子的邊緣也是傾斜的。

畫出服裝的體積感。因為褶皺等細小的部分可以之後再畫，所以現在盡量用簡單的直線和曲線來畫輪廓。

★ 分割

要好好觀察各個部位的比例。

裙子的下擺也要表現出立體感。

首先要把每一個部位大致地分開，然後再添加上細節。

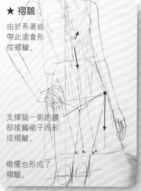

★ 褶皺

由於系著絲帶此處會形成褶皺。

支撐腿一側的腰部接觸裙子而形成褶皺。

裙擺也形成了褶皺。

連衣裙的輪廓有一定體積感，因此在重力的影響下，縱向的褶皺較多。

鞋用之前學過的方法畫。

完成著裝的草稿。

05

★ 著裝圖

在草圖上墊一張畫紙，描畫必要的線條。

06

細節之處也要仔細地描。

07

褶皺可以一筆呵成。

08

膝蓋和腳腕等關節也要流暢地連接上。

09

短裙風格的著裝圖

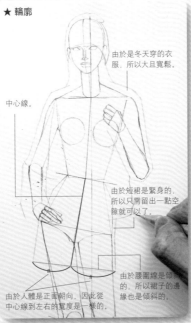

★ 輪廓

由於是冬天穿的衣服，所以大且寬鬆。

中心線。

由於短裙是緊身的，所以只需留出一點空隙就可以了。

由於人體是正面朝向，因此從中心線到左右的寬度是一樣的。

由於腰圍線是傾斜的，所以裙子的邊緣也是傾斜的。

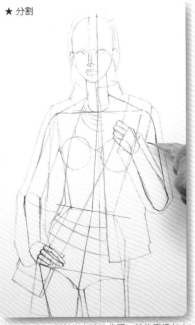

★ 分割

完成著裝圖。 **10**

畫出服裝的體積感。因為褶皺等細小的部分可以之後再畫，所以現在盡量用簡單的直線和曲線來畫輪廓。 **01**

首先要把每一個部位大致地分開，然後再添加上細節。 **02**

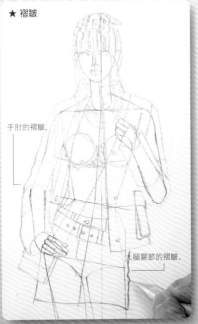

★ 褶皺

手肘的褶皺。

大腿關節的褶皺。

腳腕也是形成褶皺的地方。

口袋等細節也要添加上。 **03**

在關節部分也添加上起伏的褶皺。 **04**

添加腳腕的褶皺。 **05**

完成著裝的草稿。

06

在草圖上墊一張畫紙,描畫必要的
線條。

膝蓋和腳腕等關節也要流暢地連接上。

注意靴子的細節。

09

著裝圖完成。

10

長褲風格的著裝圖

★ 輪廓

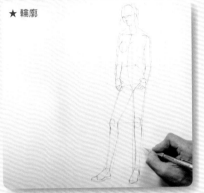

畫出服裝的體積感。因為褶皺等細小的部分可以之後再畫,所以現在盡量用簡單的直線和曲線來畫。

★ 分割

首先要把每一個部位大致地分開,然後再添加上細節。

★ 褶皺

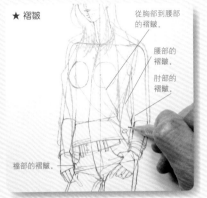

從胸部到腰部的褶皺。

腰部的褶皺。

肘部的褶皺。

襠部的褶皺。

在關節部分也添加上起伏的褶皺。

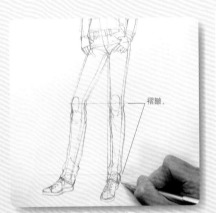

褶皺。

褲子的襠部、膝蓋和腳腕的褶皺很重要。

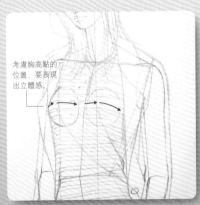

考慮胸高點的位置,要表現出立體感。

添加上衣服的橫條。

完成著裝的草稿。

★ 著裝圖

在草圖上墊一張畫紙，描畫必要的線條。

畫出橫條重點所在的三個部位，然後在其間填充上剩餘的橫條。

已經不知哪幾條是黑色的了，因此要塗一下看看。

著裝圖完成。

10

★ phase21 的複習 ★

○ 著裝圖要按照輪廓─項目分割─項目細節─輪廓的褶皺─褶皺的順序進行描繪。

○ 要注意衣服的透氣性、保溫性、布料的厚度以及衣服和身體的富餘空間。

○ 在畫著裝圖時臉部也要仔細畫好。

next !! 給著裝後的設計圖上色。

The 4th week

完成設計圖，
挑戰原創作品

看照片畫設計圖4　上色（連衣裙風格）

接下來我們就開始給著裝的設計圖上色了，它的順序是將著裝圖描畫在著色用紙（kent紙、繪畫用紙等比較厚的紙）上
—上底色—添加紋理和花紋—設計髮型—完成這次著色的重點在連衣裙的花紋以及毛皮圍巾。請大家先複製幾張已經描畫好
了的圖，反覆練習，等有了自信心、再開始正式挑戰，這樣就不會有很大的壓力。

描畫（謄寫）

★ 仔細謄寫

如果將"著裝圖"和"描畫圖"獨立的話，在失
敗的時候比較容易補救，也不會有很大的壓力，
因此是一種好的方法。首先用B型以上的鉛筆將
著裝圖的背面完全塗黑，塗得越黑線條越能清晰
地複製下來。

追加細節。

只需要輕輕描一下就可以複
寫下來。如果用力過大，著
色用紙會變得凹凸不平，需
要注意。

如果用彩色圓珠筆描繪就
可以馬上看出已經描過的
地方，這樣就不會漏掉
了，非常方便。

在著裝圖的下面墊上著色用的紙（這次用的是
kent紙），用夾子或者膠帶固定。用0.3左右的
細彩色圓珠筆來描畫謄寫。

★ 描畫要有强有弱

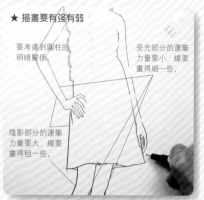

要考慮到圓柱的
明暗關係。

受光部分的運筆
力量要小，線要
畫得細一些。

陰影部分的運筆
力量要大，線要
畫得粗一些。

從輪廓開始描畫。使用比較粗的筆（0.8）改變
運筆力量，添加上强弱變化。

用比較細的筆（0.3）區分各個部位。 ()4

用比較細的筆（0.3）添加上褶皺。 ()5

用極細的筆（0.1）添加上細節。 ()6

等待兩三分鐘直到墨水乾後，用橡皮擦拭痕跡。
如果擦得太重的話，墨水會變淡，所以要輕輕地擦。 ()7

描畫完成。 ()8

上色

主要畫材是不透明水彩，輔助畫材是彩色鉛筆。

不透明水彩主要用：

藍綠色——孔雀藍

紅紫色——品紅

黃色——檸檬黃

黑色——象牙黑

白色——鈦白

這五種顏色就可以調出其他很多顏色。

通過 CMYK 混合調製出其他顏色。通過對顏色混合的研究，對配色的感性也會變敏鋭，所以請大家一定要努力嘗試。彩色鉛筆用白、黑、棕色、深藍色。

★ 上肌膚色

這是用水已經充分稀釋過了的顏料。"重疊上色"是反覆將比較薄的顏色塗上去，以獲得發色暈染的方法。

調色板上的顏色稍微有些泛黃，和塗在紙上的顏色調色是不同的，所以一定要先在紙上試著塗一次。

用顏料調出肌膚的顏色（以紅紫色60％、黃色40％的比例調色，水量較大。）

第一次上色（整體上色）。
要對整體進行上色。這樣，顏料的粒子就會均勻地擴散到整個濕潤的部分，不會形成不均勻的地方。當然，注意不要讓水分太少而引起乾塗的情況。

第二次上色（陰影上色）。
在陰影部分進行重疊上色。這裏的顏色可以是自己所希望的顏色，陰影約爲整體的1/5左右。

第三次上色（柔化）。
由於顏色的分段非常引人注目，所以要用只含有水分的毛筆對整體進行塗抹，讓邊緣變得柔和起來。

★ 長襪的底色上色

由於顏色非常鮮明，所以要用"抽塗"方法進行上色（以紅紫色80％、黃色15％、黑色5％的比例調色）。在受光側留出約1/5的空白，注意塗的時候不要讓底色透出來。

用只含有水分的毛筆塗，讓邊緣變得柔和。

★ 連衣裙

在需要分塗顏色的部分用鉛筆輕輕地畫上標記。

比較濃的顏色用"抽塗"法上色（黑色100％）。注意塗的時候不要讓底色透過來。

用紙巾一邊調整筆尖的水分一邊進行柔化處理。

用只含有水分的毛筆塗，讓邊緣變得柔和，調整效果。

用較細的筆⋯⋯⋯⋯比較大的位置開始確定上色⋯⋯⋯⋯5％、黃色40％、黑色10％⋯⋯⋯⋯由於是在黑色上塗色⋯⋯⋯⋯一點水，不讓底色透過來。

連衣裙的花紋如果畫不好的話，特別容易打擊人的積極性，因此要在處理其他細節之前就先畫它，這樣，即使失敗損失也比較小，如果其他都完成得很好，最後在花紋上失敗了，那就太令人沮喪了。

以比較大的花紋的位置為基準，繼續添加稍小一點兒的花紋（以紅紫色 50％，黃色 40％，黑色 10％ 的比例調色）。

畫上綠色的花紋（以紅紫色 45％，黃色 35％，白色 20％ 的比例調色），其中花紋細節的把握很重要。

添加上綠色的小花紋。

添加上米黃色的小花紋（以紅紫色 15％，黃色 20％，白色 65％ 的比例調色）。

★ 毛皮

黑色的小花紋用 0.05 繪圖筆描繪。 **23**

裏面穿的衣服也要上色（黑色 100％）。 **24**

蕾絲質地的衣服用 0.05 的繪圖筆畫，然後用 0.1 的筆添加出花紋。 **25**

毛越畫越厚，韻味也就越濃。首先是塗底色。 **26**

好不容易完成的連衣裙部分，不能讓它髒了，因此要用紙擋住。

整體添加上皮毛，最初可以先畫比較粗的皮毛。 **27**

稍微把毛變細一些，顏色也更飽滿。 **28**

最初的皮毛。

重複添加的皮毛越來越變得越細。

添加比較深的顏色，表現出立體感來。 **29**

添加上棕色的細節。 **30**

添加白色或者灰色的皮毛。

用比底色更深（這次是棕色）的彩色鉛筆的側面在表面上塗，作出粗糙的感覺以表現出毛皮特有的絨狀感。

用彩色鉛筆添加上細毛，做最後的調整。

★ 皮鞋

皮鞋也要用「抽塗」法上色（黑色100%）。將受光側保留下來，用只含有水分的毛筆，讓邊緣變得柔和，調整效果。

★ 長筒襪的花紋

縫線。

長筒襪的圓點用白色的彩色鉛筆畫。

★ 添加細節

給首飾等小配件塗上顏色。

用黑色的彩色鉛筆給連衣裙添加上陰影。

用繪圖筆將消失的線條描出來。

★ 髮型

頭髮用「重疊上色」來塗色（以紅紫色70%，黃色20%，黑色10%的比例調色）。

第二次也是整體上色。

作天使之環的時候，可以在頭上留出塗色的空間，好像繃帶包在頭上一樣。

在第三次上色的時候，要考慮到天使之環，並添加漸變效果。

腮紅。

唇彩。
為了體現上唇的立體感，上唇的顏色會深一些。

添加上唇彩和腮紅。

用棕色的鉛筆添加上眼球、睫毛、眉毛、頭髮的陰影，然後再加上眼線、眼影。

★ phase22 的複習 ★
○ 在描畫的時候，即使用同樣粗細的筆，如果運筆力量不同也可以畫出起伏感。
○ 著色的時候，不要馬上就上色，一定要試一下。
○ 複雜的花紋如果先處理的話，會比較輕鬆。

next !!
給短裙風格的設計圖上色！

完成。

44

看照片畫設計圖5 上色（短裙風格）

描畫（謄寫）

用 B 型以上的鉛筆將著裝圖的背面完全塗黑。塗得越黑線條越能清晰地複製下來。

如果用彩色圓珠筆描繪，就可以馬上看出已經描過的地方，這樣就不會漏掉了，非常方便。

只要輕輕描一下就可以謄寫下來，如果用力過大，著色用紙會變得凹凸不平，需要注意。

在著裝圖的下面墊上著色用的紙（這次用的是kent 紙），用夾子或者膠帶固定，用 0.3 左右的細彩色圓珠筆來描畫謄寫。

描草稿的顏色。如果能夠根據形象的不同而區分使用的話，會很有意思。這次我使用了 COPIC MULTI LINER 的「深咖啡色」，以十分柔和的筆觸完成。

上色

★ 肌膚色上色

第一次上色（整體上色）。
用顏料調制肌膚的顏色（以紅紫色 70%、黃色 30% 的比例調色，水量較大。）要對整體進行上色。這樣，顏料的粒子就會均勻地擴散到整個濕潤的部分，不會形成不均勻的地方。當然，注意不要讓水分太少而引起乾塗的情況。

第二次上色（陰影上色）。
給陰影部分進行重疊上色，這裏的顏色可以是自己所希望的顏色，陰影約爲整體的 1/5 左右。

第三次上色（柔化）。
由於顏色的分段非常引人注目，所以要用只含有水分的毛筆對整體進行塗抹，讓邊緣變得柔和起來。

★ 上底色

由於夾克衫的質地非常厚，而且還有花紋，所以要對整體進行塗色（以藍綠色 60%、紅紫色 30%、黑色 10% 的比例調色），注意塗的時候不要讓底色透過來。

裏面穿的衣服因爲顏色很深，所以要用「抽塗」法上色（黑色 100%）。在受光側留出約 1/5 的空白，注意塗的時候不要讓底色透過來。

因爲想要在牛仔布上表現出起伏感來，所以要用能夠很好地添加陰影的〝重疊上色〞進行塗色（以藍綠色70％、紅紫色20％、黑色10％的比例調色）。

長褲上也要表現出起伏感來，所以也用〝重疊上色〞進行塗色（黑色100％）。

用只含有水分的毛筆對整體輕輕塗抹，消除顏色的分段。

因爲要表現出靴子光澤感來，所以要用〝光澤上色〞法（以黃色50％、紅紫色40％、黑色10％的比例調色）。首先要將受光側留出來，重疊上色。

加強陰影，使濃淡對比分明。

用只含有水分的毛筆對整體輕輕塗抹，消除顏色的分段。

首飾要塗上比較深的色，讓肌膚的顏色透不過來。銀色以黑色30％、白色70％的比例調製，金色以黃色50％、紅紫色30％、白色10％、黑色10％的比例調製。

給線帽上色（以黃色80％、黑色20％的比例調製）。用水稀釋後再塗的話，可以得到接近白色的效果。

加強陰影，使濃淡對比分明。

★ 夾克衫的方格
彩色鉛筆會有一種絨狀的感覺，非常好，所以決定使用它。
水彩能讓花紋表現得很明顯，有一種印刷出來的感覺。
在描畫的複印稿上，分別試一下水彩顏料和彩色鉛筆畫花紋的效果。

斜紋的是相對於紋理來說斜著排列的花紋。
接縫。
用棕色的彩色鉛筆添加上方格的粗線，注意是斜紋的。

讓花紋互相交錯。

200

用黑色的彩色鉛筆將斜格的花紋邊緣圍起來。

用黑色的彩色鉛筆添加上陰影。

最後用藍色的彩色鉛筆讓紙張的表面變得粗糙，表現出絨狀感。

★ 編織物的絨狀感

用比底色更深（這次是棕色）的彩色鉛筆淡淡地添加上編織物的針腳。

用彩色鉛筆添加上陰影體現出起伏感。

最後用彩色鉛筆讓紙張的表面變得粗糙，表現出絨狀感。

★ 強調陰影部分

用比底色更深（這次是深藍色）的彩色鉛筆細細地畫出牛仔布的斜紋，對呈"／"形。

爲了表現牛仔布的下墜的感覺，在縱向上使用彩色鉛筆。

在橫向上也用彩色鉛筆會使縱向下墜的感覺更強。

再用白色的彩色鉛筆表現出牛仔布洗舊的感覺。

靴子的光澤感

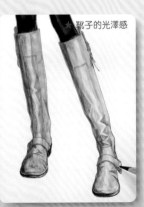

用比底色更深（這次是棕色）的彩色鉛筆加強陰影。

用白色的彩色鉛筆強調光澤。

用白色顏料以〝散點〞的方式添加在靴子上，表現出閃光的感覺。

★ 挎包上的小亮片

在挎包的底色（以紅紫色 60%、黃色 10%、黑色 30% 的比例調色）上有規律地添加濃密的點。

然後再用加了白色的淺色添加比剛才更小的小點。

在受光側添加上白色點，表現出光澤感。

用黑色鉛筆添加上挎包的陰影。

37

★ 完成

用繪圖筆將已經消失了的線條畫出來。

38

★ 髮型

薄薄地塗一層頭髮的顏色（以紅紫色 70%、黃色 20%、黑色 10% 的比例調色）。

39

做天使之環的時候，可以在頭上留出塗色的空間，好像綁帶包在頭上一樣。

第二次要留出天使之環的位置進行塗色。

40

由於現在顏色的分段非常引人注目，所以要用只含有水分的毛筆對整體進行塗抹，讓邊緣變得柔和起來。

唇彩。

爲了體現上唇的立體感，上唇的顏色會深一些。

腮紅。

添加上唇彩和腮紅。

42

體現首飾的光澤感。

用棕色的鉛筆添加上眼球、睫毛、眉毛和頭髮的陰影，然後再加上眼線、眼影。接下來用白色顏料讓首飾更加熠熠生輝。

用白色的彩色鉛筆畫出吊帶衫的花紋。

44

完成.

45

★ Phase23 的複習 ★
○ 描畫可以不用黑色，大家可以尋找適合自己的顏色。
○ 由於牛仔布有各種各樣的洗舊感，所以風格也是多樣的，因此要畫得豐富多彩。
○ 如果不知道該塗什麼好，一定要試著塗一次，確信之後再開始製作。

next !!
我們要給長褲風格的設計圖上色！

看照片畫設計圖6　上色（長褲風格）

用B型以上的鉛筆將著裝圖的背面完全塗黑，塗得越黑線條越能清晰地複製下來。

如果用彩色圓珠筆描繪，就可以馬上看出已經描過的地方，這樣就不會漏掉了，非常方便。

在著裝圖的下面墊上著色用的紙（這次用的是kent紙），用夾子或者膠帶固定。用0.3左右的細彩色圓珠筆來描畫謄寫。

謄寫後的樣子。

只需要輕輕描一下就可以複寫下來。如果用力過大著色用紙會變得凹凸不平，需要注意。

上色

覺得不滿意的線條，在上色前就要刪除。

★上肌膚色

我們要用顏料調出肌膚的顏色（以紅紫色70%、黃色30%的比例調色水量較大）來對整體上色。

第二次上色（陰影上色）。給陰影部分進行重疊上色。這裏的顏色可以是自己所希望的顏色，陰影約為整體的1/5左右。

第三次上色（柔化）。由於顏色的分段非常引人注目，所以要用只含有水分的毛筆對整體進行塗抹，讓邊緣變得柔和起來。

★上底色

由於T恤的底色是白色，所以將黑色用水稀釋到非常淺的程度，添加上陰影。

將帽子和罩衫用黑色進行"重疊上色"處理，並對整體上色，這樣，顏料的粒子就會均勻地擴散到整個濕潤的部分，不會形成不均勻的地方。當然，注意不要讓水分太少而引起乾塗的情況。

進一步給陰影部分重疊上色。這裏的顏色可以是自己所希望的顏色，陰影約為整體的1/5左右。

由於顏色的分段非常引人注目，所以要用只含有水分的毛筆對整體進行塗抹，讓邊緣變得柔和起來。

調出牛仔褲的顏色（以藍綠色 40%、紅紫色 10%、黑色 50% 的比例調色）。調牛仔褲的顏色時要添加紅紫色，這一點一定要注意。

調出顏色後，對整體進行上色，這樣，顏料的粒子就會均勻地擴散到整個濕潤的部分，不會形成不均勻的地方。當然，注意不要讓水分太少而引起乾塗的情況。

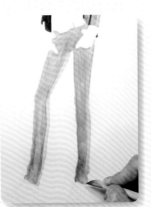

受光側要留出 1/4 左右的空余，其餘部分進行重疊上色。

在陰影部分進行重疊上色。這裏的顏色可以是自己所希望的顏色，陰影約爲整體的 1/5 左右。

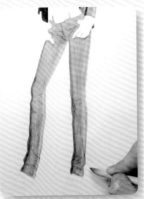

用只含有水分的毛筆對整體進行塗抹，讓邊緣變得柔和起來，調整效果。

運動鞋是白色的，所以要將黑色用水稀釋到灰色，添加上陰影。

用只含有水分的毛筆對整體進行塗抹，讓邊緣變得柔和起來，調整效果。

★ 帽子的質感

我們之前已經學過了蘇格蘭呢的毛絨，這次也用同樣的方法。首先要將毛筆打散，變成放射狀。

將小指搭在畫面上可以使運筆收放自如。

除黑色以外，還要添加其他幾種同色系的顏色（比如灰色），以體現布料的深度。

用比底色更深（這次是黑色）的彩色鉛筆的側面在表面上塗，作出粗糙的感覺以表現帽子的質感。注意要柔和地作螺旋動作，不要讓彩色鉛筆的線條被人看出來。

★ 夾克的質感

用比底色更深的顏色（這次是黑色）描出細節，準備用來描繪花紋。

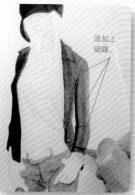

從遠處看，能夠看到斜紋，因此用彩色鉛筆添加上。

邊緣是條編狀的。

用比底色更深（這次是黑色）的彩色鉛筆的側面在表面塗，作出粗糙的感覺。注意要柔和地作螺旋動作，不要讓彩色鉛筆的線條被人看出來。

注意不要讓彩色鉛筆弄髒了已經完成的夾克衫上，因此要墊一張紙。

★ 細節部份

牛仔褲的縱向下墜感

T恤的橫條用 "抽塗" 的方法上色（以藍綠色70%，紅紫色20%，黑色10%的比例調色）。

用只含有水分的毛筆，讓邊緣變得柔和起來，調整效果。

用 "抽塗" 的方法給腰帶上色。

用比底色更深（這次是黑色）的彩色鉛筆細細地畫出牛仔布的斜紋，呈 "／" 狀。

為了表現牛仔布的縱向下墜感，在縱向使用彩色鉛筆。

用白色的彩色鉛筆表現出洗舊的感覺，

用比底色更深（這次是黑色）的彩色鉛筆添加陰影以表現出起伏感。

★ 髮型

作天使之環的時候，可以在頭上留出塗色的空間，好像緞帶包在頭上一樣。

由於首飾要塗在花紋上，所以用黑色與銀色（以黑色60%，白色40%的比例調色）進行整體塗色。頭髮用 "重疊上色" 法塗色（以紅紫色70%，黃色20%，黑色10%的比例調色）。

進行第二次上色，加深顏色的濃度。

用只含有水分的毛筆，讓邊緣變得柔和起來，調整效果。

添加上唇彩和腮紅。

眼球用棕色塗（以紅紫色70%、黃色20%、黑色10%的比例調色）。

★ 描繪

這次使用彩色鉛筆進行描畫。用彩色鉛筆，能給人非常柔和的印象。當筆芯比較細的時候畫細節部分，變粗了的話，就用來畫外輪廓線。

首飾要用繪圖筆畫出金屬的質感。

將不明顯的細節重新畫出來。因為衣服是黑色的如果用黑色的線會看不見，所以用白色的鉛筆添加。

用黑色繪圖筆將褲子與手的顏色分開。

牛仔褲的針腳用棕色添加。

運動鞋的細節也要做到位。

完成。

46

next !!
我們將開始原創的設計了!

原創設計的靈感草圖

設計師在設計時裝的時候，都要注意哪些事情呢？
他們並不是自己想什麼就做什麼，隨自己的性子設計。
他們要根據自己負責的品牌的企劃概念（目標人群、設計主題、項目構成、顏色、材料、花紋、價位等），並順應時代背景和流行趨勢，將自己的想法融入服裝中。
在很多情況下，設計師自己的審美意識，並不等同於消費者的審美情趣。
對於這種差距，設計師也感到非常苦惱。他們追求著一種藝術上的高層次創造，希望能夠體現出自己獨特的設計。

為了在走向社會後，在這種環境下總能作出好的設計，設計師在學生時代應當做哪些準備呢？
首先，要盡可能多的了解自己。
自己到底喜歡什麼東西，自己到底想做什麼事情，自己到底是什麼人——為了讓這些都通過服裝傳達給別人，去畫畫或者演講，進行練習，這是非常重要的。
通過了解自己，才能看清周圍，明白自己應該做什麼，別人要求自己做什麼。

記住，設計圖並不是自己才能明白的圖，而是要讓銷售人員和造型師等這些和自己在工作上有關聯的人也能看懂的作品。

靈感草圖：在設計的時候，要注意下面的事項。

[確定主題]
在思考原創設計的時候，不要漫不經心地想，而是要有目的地去想。大家應該做一下這樣的練習。

例如：
1．將目光投向"Mods"、"Punk"等這些過去的流行，將其更新以適合當今的風格。
2．將目光投向"夾克"、"短裙"等項目上，將這些項目解體、再構築，更新、使它們能夠適應現在的潮流。
3．以"軟綿綿""亮晶晶"等感覺進行設計。
4．將目標（人種、年齡層、職業等）鎖定"名人"、"小女生"等，為他們設計。
5．以"《悲慘世界》的舞臺劇"、"滾石的日本公演"、"電影《羅密歐與朱麗葉》"、"法航的空中乘務員"等為特定的目的，設計與其目的、角色相適應的服裝。
你可以試著確定一個"風格關鍵詞"，發揮一下自己的想像力。

"為什麼這個設計是這樣的？"
"為什麼這個時代需要這種設計？"
"新設計出東西是否會引領一個潮流？"
大家想一想能夠說明這些問題的概念。
要以"風格關鍵詞"為依據，進行設計。

[思考設計要點]
設計要點是設計時要不懈追求的東西。

● 輪廓
輪廓最主要的是服裝的"長度"和"體積感"。
通過以上兩點把握平衡感是服裝設計的重點。
要在袖子的長度、衣服的長度上想出各種各樣的策略，思考出各種各樣的輪廓。
比如在設計裙子的時候，一不小心就變成了"膝蓋長度"或者出現"褶皺"等自己再熟悉不過的形式，設計趨於固定化，這種現象時常出現。
服裝是非常精細的東西，哪怕長度只相差5cm，名字卻有可能完全不一樣。
長及膝蓋的短裙如果再短5cm的話，就變成迷你裙了。因此，不能完全任由自己按照固定模式設計，一定要設計得既有創意又精確。
我們要多訓練，即使是1cm的差距，我們也能夠在設計上區分它們。

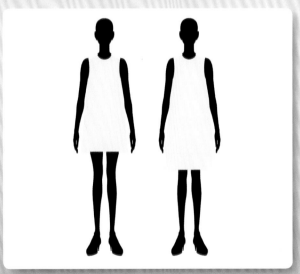

同樣的 A 字形的輪廓，但是由於體積感和裙子的長度不同，給人的印象差別很大。

● 風格

風格體現在服裝的穿著方式上。衣服應該怎樣搭配才好，這是一個非常重要的問題。是應該敞開穿，還是應該系釦穿，帽子是應該斜著戴還是應該正著戴，不同的搭配給人的印象完全不同。

即使乍一看輪廓是相同的，如果組成該輪廓的項目不同，那麼配色的平衡也會相差很大，給人的印象會不同。

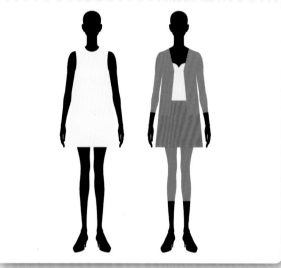

即使同樣是 A 字形的輪廓，穿成連衣裙和穿成吊帶、罩衫、短裙、長襪，給人的印象截然不同。我們要訓練自己從同一個輪廓中想出十種穿衣風格來。

● 細節

即使是相同輪廓的項目，如果細節發生了變化，給人的印象也截然不同。

單排釦衣服和雙排釦衣服雖然輪廓完全相同，但給人的印象都截然不同。

● 布料與花紋

即使是同樣設計的項目，如果布料和花紋不同，給人的印象也會變化。

蘇格蘭呢和花紋的裙子，雖然設計相同，但是風格、布料和花紋不同，印象就完全不一樣。

● 顏色

即使是同樣的設計和花紋，如果顏色不同的話，給人的印象也截然不同。

同樣是縱條紋的襯衫，但是顏色不同，給人的印象也不同。黑色的襯衫與白色領子形成鮮明對比，有一種嚴謹的感覺。

如果能夠按照以上說的進行設計，設計師的領域就拓寬了，之後只要根據主題進行取捨選擇就可以。

所謂設計，就是在無限擴展的思想之中，將不需要的東西捨棄，只保留必要的東西的創作。

● 主題

這次的主體定位是"bikers"。

"bikers"是指騎士風外套的統稱，是街頭風格的原點。它是在二戰結束後不久的1947年到1950年代誕生於南加州的一種風格。

"bikers"是以二戰退伍軍人爲中心的暴走族，可以在馬龍·白蘭度主演的《The Wild One》(飛車黨)中看到他們的樣子。他們沒有開轟炸機，而是騎著哈雷摩托，穿著皮夾克、牛仔褲、靴子、T恤，於是便誕生了這種不滅的街頭風格，並且傳遍了整個世界。

當這種風格傳到英國，與搖滾樂相結合，便成了"rockers"。20世紀70年代之後，它與Punk風格結合成爲了"punk rockers"，成了一個時期的主流文化。

以男子爲中心的這種街頭風格，現在也吸引了大批女性，開始了多樣化的發展。設定了這個主題後，我們要開始按照上述的模式思考。

從設計上來說，我們要在"bikers"這種男子漢氣概十足的風格上，再添加充滿時尚感的配色和布料，通過重新組合表現可愛的一面，強調街頭文化的中性化。

● 材料

皮夾克使用比較柔軟的山羊皮。並且配合雪紡綢和蕾絲等進行設計。

● 顏色

以白、黑、米黃爲中心，這是一種既時髦又現代的配色，因爲要打破bikers的單調印象。

● 項目與設計要點

以騎士夾克、鉚釘、連衣裙、分層短裙、絲帶、花紋等爲中心進行考慮。

● 目標人群

有著強烈的搖滾精神和時尚感的，有好奇心的，20歲出頭的女性是核心人群。

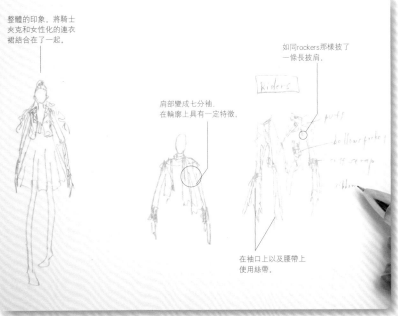

整體的印象，將騎士夾克和女性化的連衣裙結合在了一起。

如同rockers那樣披了一條長披肩。

肩部變成七分袖。在輪廓上具有一定特徵。

在袖口上以及腰帶上使用絲帶。

靈感草圖。

並沒有特別意識到身體的平衡感，只是添加上了各種各樣的構思。即使不是認真畫的圖也可以。在塗鴉裏出現非常好的構思的事情經常發生。

裏面穿的衣服設定爲吊帶裙，它和襯裙一樣，都是內衣，但是在腰部沒有過渡，是從肩膀直接垂下來的修身型的裙子，在裙擺部分是一段一段的分層。

因爲是bikers，所以會聯想到頭盔，這裏用的是編織帽。

此處設計上了bikers的經典口袋。

稍微做成了不規則的形狀。

起初是設計成帶鞋舌的靴子，並配一個高跟的鞋底。結果它沒能成爲靴子，而是一個普通的鞋加上襪子。

設計了一個護目鏡式的太陽鏡。

騎士夾克的袖長有多長？七分袖，半袖，無袖？ 結果袖口上的絲帶成了重點，因此設計成一個七分袖。

形象差不多已經固定下來了，總結了一下。

項目圖的草稿

當設計決定下來後，爲了便於考慮服裝的構造，就要畫出項目圖。

騎士夾克

★ 輪廓

由於是維多利亞式的泡泡袖，所以肩膀上的隆起很重要。

腰部要收緊貼身些，腰圍線要高一點。

衣服的長度要短一些。

七分袖。

將身體圖的複印稿和畫紙的前中心對齊，用膠帶等將畫的一側固定，畫出半個身子。注意衣身的體積、長度以及袖長等。**01**

對折起來，將畫出的半部分複製。**02**

★ 細節

領肩　此處是舒緩的曲線。

畫出領子和前襟。**03**

查看領子的整體感覺。**04**

在袖子的線上也要加上鉚釘。

在肩章上也打上鉚釘。

在側縫線上也有重複的粗線。

側口袋上也有重複的粗線。

腰帶換成了絲帶。

袖口上也系著絲帶。

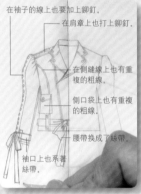

進一步畫出細節。**05**

複製後，觀察一下平衡感。**06**

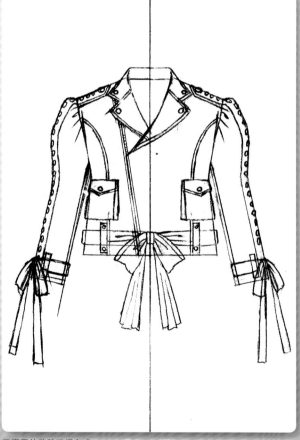

口袋稍微朝向正面。

前襟向中心移動。

由於感覺平衡不太好，所以做了修正。**07**

將複製過來的線條重新描繪出來。**08**

正面圖的草稿已經完成。**09**

第四周
phase 26

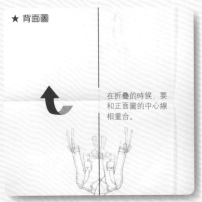

★ 背面圖

在折疊的時候，要和正面圖的中心線相重合。

由於夾克的前後輪廓相同，因此正面圖的半邊可以直接複製過來使用。此外可以將前後形狀完全相同的泡泡袖也複製過來。

添加上細節。

11

繼續添加細節。

12

對折起來進行複製，然後確定整體的平衡感。

13

過肩的線條不太令人滿意，因此要修改。

細節部分的修正。

14

背面圖的草稿完成。

吊帶裙

★ 吊帶裙

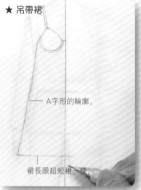

——A字形的輪廓。

裙長跟超短裙一樣。

將身體圖的複印稿和畫紙的前中心對齊,用膠帶等將畫的一側固定,畫出半個身子。注意裙身的體積、長度以及袖長等。

畫出一段一段的感覺。 02

對折,謄寫。 03

★ 細節

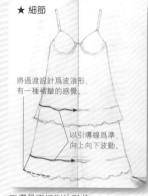

將過渡設計爲波浪形,有一種褶皺的感覺。

以引導線爲準,向上向下波動。

下擺是不規則的形狀。 04

添加上褶皺、飾邊以及絲帶等細節。 05

縱向的褶皺要呈放射狀。 06

謄寫下來,添加細節的線條。 07

背後部分。

這次由於前後的設計都是一樣的,所以將背後系的線也添加在這裏,使其兼具正背草稿的功能。

草稿完成。 09

設計圖的草稿

當項目圖決定下來之後，就要畫出姿勢來了。
要考慮一個設計重點非常明確的姿勢。
這次因爲是吊帶短裙，要突出腿部的細節所以設定爲單腿重心姿勢，注意要讓裙擺部分的搖曳感覺展現出來。

9頭身的身體

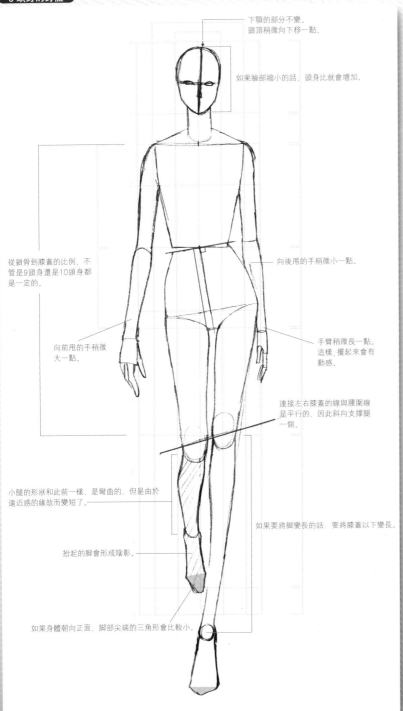

下顎的部分不變。
頭頂稍微向下移一點。

如果臉部縮小的話，頭身比就會增加。

從鎖骨到膝蓋的比例，不管是9頭身還是10頭身都是一定的。

向後甩的手稍微小一點。

向前甩的手稍微大一點。

手臂稍微長一點，這樣，擺起來會有動感。

連接左右膝蓋的線與腰圍線是平行的，因此斜向支撐腿一側。

小腿的形狀和此前一樣，是彎曲的，但是由於遠近感的緣故而變短了。

如果要將腳變長的話，要將膝蓋以下變長。

抬起的腳會形成陰影。

如果身體朝向正面，腳部尖端的三角形會比較小。

著裝

在身體圖上面蓋上一張畫紙，進行著裝。首先從整體的輪廓開始，要注意服裝的長度以及體積感。

戴上帽子和護目鏡，頭髮的體積感因爲會影響到整體的輪廓，所以要非常注意。臉部現在只需勾畫出各部位的位置就可以了。

可以根據自己的目的變化頭身比。這次爲了讓服裝更加引人注目，將臉部稍微變小了一點，做成了9頭身的。重點是在變換爲9頭身的過程中，從身體到膝蓋的比例不能變化，這樣整體的平衡就不會被破壞了。

左右的位置
要一致。

為了表現出動感，加上了長圍巾。
像圍巾這種處於最上面的項目可以
最後畫。

輪廓確定後，添加細節。 **04**

注意鞋帶的朝向。 **05**

畫裙子的分層。畫褶皺時，要一氣呵成，讓它的
尖端變細。 **06**

著裝圖完成。 **07**

描畫

將著裝圖複寫到著色用紙上。複寫時，如果有拷貝臺最方便。在著裝圖的上面蓋上一張著色用紙，透過拷貝臺，即使是 kent 紙這種厚紙也可以輕輕鬆鬆地被複製下來。

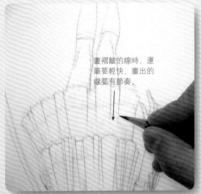

畫褶皺的線時，運筆要輕快，畫出的線要有節奏。

用彩色鉛筆描畫時，注意要從用細芯的筆。筆芯細的時候可以來畫細節，筆芯粗的時候可以畫外邊框。

描畫完成。
光源設定爲右上角，由於各個部位的左側線條會形成陰影，所以運筆要稍用力，將線條變粗。

描畫完畢時，就要考慮配色了。由於服裝的目標人群設定在 20 歲出頭的女孩子，所以爲了表現一點成熟感，我們決定以接
近膚色的顏色（無彩色、米黃、茶色、深藍）爲中心進行配色。

配色

★ 試塗

將描畫稿在 B5 大小的紙上複印幾張，在上面進行各種嘗試。01

多嘗試一下布料質感和花紋。02

在對圍巾的顏色進
行試驗。

如果對部分顏色感到苦惱時，可以將塗了各種顏色的複印稿剪下來，疊在上
面看一下。03

也可以放在旁邊比較一下。

色彩變換

全身黑色，很有時尚感。

裝飾有粗縫線的白色騎士夾克是重點。

全身白色，很像精靈。

粉紅色的花紋加上護腿，很有街頭味道。

黑色的手套和白色襪子的對比是重點。

全身用略有差異的米黃色進行搭配。這是最終的
配色方案，並且在騎士夾克上要加粗縫線。

熒光筆

這次用熒光筆著色。熒光筆的暈染效果非常好，既便利又好用，固此這是設計師比較鐘愛的畫材。
個人收集可以從經常使用的肌膚色或者灰色熒光筆開始，然後再逐漸收集 CMY 的漸變色相，這樣一點點地收集其實也可以。
這次使用的是COPIC SKETCH牌。

● 第一階段：肌膚色系

E00 YR00（肌膚色）
E13（肌膚色的陰影）

首先從頻度比較高的肌膚色
開始買，試著習慣熒光筆的
使用方法。

● 第二階段：灰色系（添加陰影）

N1 N3 N5 N7（自然灰：一半的灰色）
W1 W3 W5 W7（暖灰：帶點紅色的灰色）
110（黑色）
0（溶劑。在水彩顏料中相當於水的作用）

將這些和顏料並用的話，足夠了。

● 第三階段　CMY 系

E40 E49 E59（棕色系）		R46（紅色）	
B00 B05 B29 B39（藍色系）		YR07（橙色）	
BV00 BV04（藍紫系）		Y00 Y06（黃色系）	
V04 V09（紫色系）		YG17 YG95 YG99（黃綠系）	
RV00 RV09 RV29（紅紫系）		G00 G28（綠系）	

如果收集到這裏，就可以大體地進行完整的上色了。

COPIC SKETCH 的收集方法

COPIC SKETCH
01

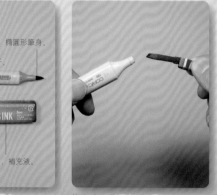

備用筆尖。
可以交換舊的。
橢圓形筆身。
超級刷子。
中粗。
COPIC VARIOUS INK，補充液。

構造。
兩端帶筆尖的雙頭熒光筆。
02

筆尖的交換。
用交換筆尖的夾子將筆尖夾出來。
由於夾子的尖端是有小鋸齒的，所
以可以牢牢地咬住筆尖。
03

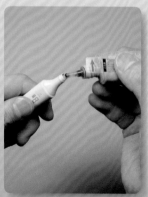

墨水的補充。
將筆尖取出來，然後將墨水注入筆
中。如果在墨水瓶上裝上導管的話
就不容易灑出來。不過只要小心的
話，即使沒有也沒有問題。
04

備用筆尖的交換十分簡單，只要一按就可以了。

★ 螢光筆的上色是「重疊上色」

透明度很高的螢光筆的上色方法基本上是「重疊上色」。讓我們實際操作一下。首先塗第一次，肌膚顏色是E00。由於設定光源是右上角，所以右側要留白。

第二次上色要塗上陰影了。陰影用比E00更深一點的YR00。由於螢光筆不能用水將顏色衝淡，所以如果收集全一個漸變色相的話最好。由於袖子是透明的，所以也塗上肌膚色。

用最初使用過的E00調整整體的色調。這和顏料的「用水調整整體」是一樣的。

米色可以透出肌膚的顏色。

給騎士夾克塗上顏色，第一次上色要整體均勻地塗。但是，因為光源設定在右上方，所以右側要留出空白。

騎士夾克的第二次上色是「陰影」。因為是比較細的部分，所以要用毛筆狀的刷子來塗。

選擇漸變色相的螢光筆是非常重要的，一定要試著塗一下，不要勉強選擇顏色。

淺色
深色

試塗要用和著色用紙一樣的紙。

用第一次上色時用的米黃色給整體再塗一次，調整一下。

吊帶裙用的是比騎士夾克稍微偏紅一點的米黃色，米黃色是常用顏色。

編織帽用離灰色比較近的另一種米黃色。

護目鏡用黑色和灰色添加上漸變效果。

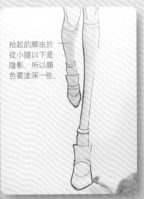

抬起的腳由於從小腿以下是陰影，所以顏色要塗深一些。

鞋子與連衣裙、襪子與帽子用同種顏色。

★ 素材質感和花紋

袖子是蕾絲的，因此要用棕色的彩色鉛筆添加上編織的紋理和花紋。

花紋是大小編織相混合的，有一種
起伏感。

用畫豎條的方
法細地添加
帽子的紋理

編織帽要畫出編織物特有的紋理。

襪子也要畫上編織紋理。

銀色要用銀色的圓珠筆，粗縫線要
用更加深的顏色。

天使之環要留白

頭髮要留下天使之環的部分，表現
出光澤感。

用更加淺的顏色進行調整。留出白
色部分會看上去很有光澤感。

眼睛相比是比較小的部分，所以要
使用彩色鉛筆，最好是以肌膚色、
棕色系爲中心，自己一點一點收集
比較好。

眼線、睫毛膏、眼影等也最好使用
彩色鉛筆。

唇膏也要用彩色鉛筆添加。下唇受
光側比較明亮，所以要比上唇塗得
淡一點。

腮紅也用彩色鉛筆，要輕輕地反複塗。

用棉簽擦拭，讓顏色滲透到圖中去。
大家可以選擇自己喜歡的化妝方式。

從後面看，可以發現，螢光筆的墨水已經完全透進去了。

將項目畫也畫出來，完成作品。

23

24

ファッションデザインドローイング
Fashion Design Drawing Super Reference Book
by ZESHU TAKAMURA

© 2007 ZESHU TAKAMURA
© 2007 Graphic-sha Publishing Co., Ltd.

The original Japanese edition was first designed and published in 2007 by Graphic-sha Publishing Co., Ltd. 1-14-17 Kudankita, Chiyoda-ku, Tokyo, 102-0073 Japan

Complex Chinese edition © 2008 China Youth Press

This Complex Chinese edition was published in China in 2008 by:
China Youth Press
Room 2-9A01, Dacheng International Center
No. 78 Dongsihuan Zhong Rd.
Beijing China 100022

Chinese translation rights arranged with Graphic-sha Publishing Co., Ltd. through Japan UNI Agency, Inc., Tokyo
ISBN 978-9-5730-8599-7

First printing: October 2008
Printed and bound in China

　　本書由Graphic社授權中國青年出版社中文版版權，中青雄獅數碼傳媒科技有限公司翻譯制作，中國青年出版社授權北星圖書事業股份有限公司在臺灣、香港、澳門地區獨家發行中文繁體字版。

　　本書圖書封底均貼有"中國青年出版社"、"中青雄獅數碼傳媒"字樣的激光防偽標簽，凡未有激光防偽標簽的圖書均屬非法出版物，中國青年出版社對舉報盜版圖書者給予獎勵。

　　舉報郵箱：law@cypmedia.com

ISBN 978-9-5730-8599-7

服裝設計表現技法 2

作　　　者：高村是州
編　　　輯：中國青年出版社
　　　　　　中青雄獅數碼傳媒科技有限公司
地　　　址：北京朝陽區東四環百子灣中路78號
　　　　　　大成國際中心2號樓9A01號 100022
電　　　話：010－59521188／59521189
傳　　　真：010－59521111
網　　　址：www.cypmedia.com
E - mail：law@cypmedia.com

發　　　行：北星圖書事業股份有限公司
發 行 人：陳偉祥
發 行 所：台北縣永和市中正路458號B1
電　　　話：886－2－29229000
傳　　　真：886－2－29229041
網　　　址：www.nsbooks.com.tw
E - mail：nsbook@nsbooks.com.tw
劃撥帳號：50042987
戶　　　名：北星文化事業有限公司

開　　　本：889×1194 1/16　　印　張：14
版　　　次：2008年10月第1版
印　　　次：2008年10月第1次印刷
書　　　號：ISBN 978－9－5730－8599－7
定　　　價：600元

版權所有·侵權必究